广东大径材树种
Large-diameter Timber Tree Species in Guangdong

秦新生　曾曙才　何　茜　等◎著

中国林业出版社
China Forestry Publishing House

内容简介

本书共收录广东省野生和栽培大径材植物108种3变种，主要是AHP评分靠前的树种，也包括部分未推广利用但有培育潜力的树种。每种植物介绍其所隶属的科名及属名、中文通用名、中文别名、学名、简要形态特征、产地、生境、木材特性，其他主要是简述其研究进展。植物名称采用APG（IV）分类系统。每种植物选择一至数张照片展示其生境及形态识别特征，全书共有彩色照片457幅，均为野外实地拍摄。为便于读者查阅，树种（目录）采用中文名拼音排序，并配有学名索引。

图书在版编目(CIP)数据

广东大径材树种 / 秦新生等著. -- 北京：中国林业出版社, 2024. 12. -- ISBN 978-7-5219-2882-2

Ⅰ．S79

中国国家版本馆CIP数据核字第2024Q944L8号

责任编辑：张 健　于界芬

出版发行：中国林业出版社
　　　　　（100009，北京市西城区刘海胡同7号，电话010-83143542）
电子邮箱：cfphzbs@163.com
网址：https://www.cfph.net
印刷：北京博海升彩色印刷有限公司
版次：2024年12月第1版
印次：2024年12月第1次印刷
开本：880mm×1230mm　1/16
印张：13
字数：350千字
定价：168.00元

广东大径材树种
著者名单

著　者　秦新生　曾曙才　何　茜　周　庆　杨沅志　张俊杰
　　　　　陈柳凤　陈心彤　邓　源　杜　莉　黄灿桐　黄可馨
　　　　　李敏玉　秦文豪　苏　艳　郑皓遥　周　烨　左子璇

摄　影（按姓氏拼音排序）

陈　波	陈炳华	陈小芸	陈又生	陈远山	樊志新
扈文芳	华国军	蒉翳翎	蒋　蕾	金　宁	孔繁明
雷金睿	李　蒙	李　薇	李　垚	李策宏	李光敏
李西贝阳	李晓东	梁金镛	林秦文	林展翌	刘　昂
刘　冰	刘　军	刘永刚	罗金龙	马炜梁	聂廷秋
彭焱松	秦新生	邱相东	区崇烈	任丽华	宋　鼎
孙观灵	汤　睿	唐　明	唐忠炳	田　琴	王　孜
魏　泽	吴棣飞	奚建伟	谢宜飞	徐畅隆	徐锦泉
徐克学	徐晔春	徐永福	薛　凯	杨　雁	阳作仁
叶建华	叶喜阳	喻勋林	袁华炳	曾商春	曾佑派
曾云保	张　成	张　凯	张开文	张中显	周建军
周欣欣	朱　弘	朱仁斌	朱鑫鑫		

本书野外调查和编研出版得到以下项目的支持

广东省林业局林业科技创新重大项目 (2022KJCX015)

主要著者简介

秦新生 博士，华南农业大学林学与风景园林学院副教授。主要从事华南地区植物分类、资源保护与利用教学与研究工作。已主持和参与承担科研课题 23 项，其中国家级主持 3 项、参与 6 项。已发表论文 102 篇，其中第一作者和通讯作者研究论文 57 篇；出版专著 44 部，其中主编 6 部，副主编 8 部。曾获"中国科学院地奥奖学金"一等奖、华南农业大学"三育人"先进个人、"十一五"科技工作先进个人、部门工会工作积极分子，连续两年指导本科生参加首届和第二届全国植物生产类大学生实践创新论坛均获"学生最喜欢的实践创新项目"和学术论文二等奖，作为核心成员获得广东省科学技术奖一等奖和广东省农业技术推广奖二等奖各 1 项。主讲课程获得华南农业大学教学成果奖二等奖以及国家级一流本科课程。

曾曙才 博士，华南农业大学林学与风景园林学院教授。主要从事林地土壤肥力管理、污泥林地利用、人工林培育等教学与研究工作。现任华南农业大学基础实验与实践训练中心主任。主持科研课题 20 余项，发表论文 150 多篇，参编专著 8 部，主持制订广东省地方标准 2 项，获广东省农业科技推广奖二等奖 2 项、广东省科学技术奖三等奖 1 项、广东省教学成果一等奖 1 项。曾获第四届华南农业大学研究生"十佳导师"、华南农业大学教学名师等荣誉称号。

何 茜 博士，华南农业大学林学与风景园林学院教授。主要从事人工林高效培育、林下药用植物研究和教学工作。现任华南农业大学林学与风景园林学院院长。主持国家级、省级科研课题 20 余项，发表论文 100 余篇；出版专著 3 部，授权专利 11 项，发布地方标准 3 项，获教育部科技奖励一等奖、梁希林业科学技术奖一等奖、广东省科学技术二等奖等 8 项科技奖励以及省级教学成果奖 1 项。曾获评华南农业大学优秀共产党员、广州市珠江科技新星和"沈国舫森林培育奖励基金"青年教师奖等。

目 录

第一章 总论

第一节 基于文献计量分析的大径材研究概述 ··· 2
第二节 广东优良大径材树种评价体系构建与树种筛选 ··· 11

第二章 树种各论

桉 *Eucalyptus robusta* ···································· 24
白花含笑 *Michelia mediocris* ··························· 25
百日青 *Podocarpus neriifolius* ·························· 26
柏木 *Cupressus funebris* ································· 27
贝壳杉 *Agathis dammara* ································ 28
檫木 *Sassafras tzumu* ···································· 30
长叶竹柏 *Nageia fleuryi* ································· 32
沉水樟 *Camphora micrantha* ···························· 34
赤皮青冈 *Quercus gilva* ································· 35
臭椿 *Ailanthus altissima* ································· 36
大叶南洋杉 *Araucaria bidwillii* ························ 37
大叶青冈 *Quercus jenseniana* ·························· 38
大叶桃花心木 *Swietenia macrophylla* ················· 39
大叶相思 *Acacia auriculiformis* ······················· 40
吊皮锥 *Castanopsis kawakamii* ························ 42
饭甄青冈 *Quercus fleuryi* ······························· 44
方榄 *Canarium bengalense* ······························ 46
非洲楝 *Khaya senegalensis* ····························· 48
榧 *Torreya grandis* ······································· 50
枫香树 *Liquidambar formosana* ························ 52
福建柏 *Chamaecyparis hodginsii* ······················· 54
福建青冈 *Quercus chungii* ······························ 56
格木 *Erythrophleum fordii* ······························ 58

钩锥 *Castanopsis tibetana* ······························· 60
观光木 *Michelia odora* ··································· 62
海红豆 *Adenanthera microsperma* ······················ 64
海南木莲 *Manglietia fordiana* var. *hainanensis* ····· 66
合果木 *Michelia baillonii* ································ 68
红椿 *Toona ciliata* ··· 69
红豆树 *Ormosia hosiei* ···································· 70
红花天料木 *Homalium ceylanicum* ····················· 71
红胶木 *Lophostemon confertus* ·························· 72
红锥 *Castanopsis hystrix* ································· 74
猴欢喜 *Sloanea sinensis* ·································· 76
槲栎 *Quercus aliena* ······································ 77
黄檀 *Dalbergia hupeana* ·································· 78
黄樟 *Camphora parthenoxylon* ·························· 80
灰木莲 *Manglietia glauca* ································ 81
火炬松 *Pinus taeda* ······································· 82
鸡毛松 *Dacrycarpus imbricatus* ························· 83
加勒比松 *Pinus caribaea* ································· 84
江南油杉 *Keteleeria fortunei* var. *cyclolepis* ········ 86
降香 *Dalbergia odorifera* ································ 88
金叶含笑 *Michelia foveolata* ···························· 90
栲 *Castanopsis fargesii* ···································· 92
壳菜果 *Mytilaria laosensis* ······························· 93

榔榆 *Ulmus parvifolia* ⋯⋯⋯⋯⋯⋯⋯⋯ 94	栓皮栎 *Quercus variabilis* ⋯⋯⋯⋯⋯⋯⋯ 146
乐昌含笑 *Michelia chapensis* ⋯⋯⋯⋯⋯ 96	水青冈 *Fagus longipetiolata* ⋯⋯⋯⋯⋯⋯ 147
黧蒴锥 *Castanopsis fissa* ⋯⋯⋯⋯⋯⋯⋯ 98	台湾翠柏 *Calocedrus formosana* ⋯⋯⋯⋯ 148
楝 *Melia azedarach* ⋯⋯⋯⋯⋯⋯⋯⋯⋯ 100	桃花心木 *Swietenia mahagoni* ⋯⋯⋯⋯⋯ 149
岭南青冈 *Quercus championii* ⋯⋯⋯⋯⋯ 102	甜槠 *Castanopsis eyrei* ⋯⋯⋯⋯⋯⋯⋯⋯ 150
陆均松 *Dacrydium pectinatum* ⋯⋯⋯⋯⋯ 104	铁力木 *Mesua ferrea* ⋯⋯⋯⋯⋯⋯⋯⋯⋯ 151
鹿角锥 *Castanopsis lamontii* ⋯⋯⋯⋯⋯ 106	团花 *Neolamarckia cadamba* ⋯⋯⋯⋯⋯⋯ 152
罗浮锥 *Castanopsis faberi* ⋯⋯⋯⋯⋯⋯ 108	尾叶桉 *Eucalyptus urophylla* ⋯⋯⋯⋯⋯ 154
落羽杉 *Taxodium distichum* ⋯⋯⋯⋯⋯ 110	乌榄 *Canarium pimela* ⋯⋯⋯⋯⋯⋯⋯⋯ 155
麻栎 *Quercus acutissima* ⋯⋯⋯⋯⋯⋯⋯ 111	乌墨 *Syzygium cumini* ⋯⋯⋯⋯⋯⋯⋯⋯ 156
麻楝 *Chukrasia tabularis* ⋯⋯⋯⋯⋯⋯⋯ 112	无患子 *Sapindus saponaria* ⋯⋯⋯⋯⋯⋯ 158
马尾松 *Pinus massoniana* ⋯⋯⋯⋯⋯⋯⋯ 114	喜树 *Camptotheca acuminata* ⋯⋯⋯⋯⋯ 159
马占相思 *Acacia mangium* ⋯⋯⋯⋯⋯⋯ 115	细叶桉 *Eucalyptus tereticornis* ⋯⋯⋯⋯ 160
米槠 *Castanopsis carlesii* ⋯⋯⋯⋯⋯⋯ 116	香椿 *Toona sinensis* ⋯⋯⋯⋯⋯⋯⋯⋯⋯ 162
闽楠 *Phoebe bournei* ⋯⋯⋯⋯⋯⋯⋯⋯ 117	小叶青冈 *Quercus myrsinifolia* ⋯⋯⋯⋯ 164
木荷 *Schima superba* ⋯⋯⋯⋯⋯⋯⋯⋯ 118	杏叶柯 *Lithocarpus amygdalifolius* ⋯⋯ 165
木麻黄 *Casuarina equisetifolia* ⋯⋯⋯⋯ 120	秀丽锥 *Castanopsis jucunda* ⋯⋯⋯⋯⋯ 166
南方红豆杉 *Taxus wallichiana* var. *mairei* ⋯ 122	异叶南洋杉 *Araucaria heterophylla* ⋯⋯ 167
南酸枣 *Choerospondias axillaris* ⋯⋯⋯ 123	银桦 *Grevillea robusta* ⋯⋯⋯⋯⋯⋯⋯ 168
南亚松 *Pinus latteri* ⋯⋯⋯⋯⋯⋯⋯⋯ 124	银木荷 *Schima argentea* ⋯⋯⋯⋯⋯⋯⋯ 170
南洋杉 *Araucaria cunninghamii* ⋯⋯⋯⋯ 125	银杏 *Ginkgo biloba* ⋯⋯⋯⋯⋯⋯⋯⋯⋯ 172
柠檬桉 *Eucalyptus citriodora* ⋯⋯⋯⋯⋯ 126	印度黄檀 *Dalbergia sissoo* ⋯⋯⋯⋯⋯⋯ 174
坡垒 *Hopea hainanensis* ⋯⋯⋯⋯⋯⋯⋯ 128	油杉 *Keteleeria fortunei* ⋯⋯⋯⋯⋯⋯⋯ 175
青冈 *Quercus glauca* ⋯⋯⋯⋯⋯⋯⋯⋯ 130	柚木 *Tectona grandis* ⋯⋯⋯⋯⋯⋯⋯⋯ 176
青梅 *Vatica mangachapoi* ⋯⋯⋯⋯⋯⋯ 132	云南石梓 *Gmelina arborea* ⋯⋯⋯⋯⋯⋯ 178
青檀 *Pteroceltis tatarinowii* ⋯⋯⋯⋯⋯ 133	樟 *Camphora officinarum* ⋯⋯⋯⋯⋯⋯ 180
秋枫 *Bischofia javanica* ⋯⋯⋯⋯⋯⋯⋯ 134	竹柏 *Nageia nagi* ⋯⋯⋯⋯⋯⋯⋯⋯⋯ 181
人面子 *Dracontomelon duperreanum* ⋯⋯ 136	竹叶青冈 *Quercus neglecta* ⋯⋯⋯⋯⋯⋯ 182
日本柳杉 *Cryptomeria japonica* ⋯⋯⋯⋯ 138	锥栗 *Castanea henryi* ⋯⋯⋯⋯⋯⋯⋯⋯ 184
山楝 *Aphanamixis polystachya* ⋯⋯⋯⋯ 140	紫荆木 *Madhuca pasquieri* ⋯⋯⋯⋯⋯⋯ 185
杉木 *Cunninghamia lanceolata* ⋯⋯⋯⋯ 142	紫檀 *Pterocarpus indicus* ⋯⋯⋯⋯⋯⋯ 186
深山含笑 *Michelia maudiae* ⋯⋯⋯⋯⋯ 144	醉香含笑 *Michelia macclurei* ⋯⋯⋯⋯⋯ 188
湿地松 *Pinus elliottii* ⋯⋯⋯⋯⋯⋯⋯⋯ 145	

附录

广东大径材树种 AHP 评分排序表 ⋯⋯⋯⋯⋯⋯⋯⋯⋯⋯⋯⋯⋯⋯⋯⋯⋯⋯⋯⋯⋯⋯⋯⋯⋯⋯⋯⋯⋯⋯⋯ 190

学名索引 ⋯⋯⋯ 201

第一章
总　论

第一节

基于文献计量分析的大径材研究概述

大径材的定义有通用定义和分树种定义两种，通用定义如在《大径级用材培育导则（LY-T 2118—2013）》中指小头去皮直径至少达到 24 cm，长 2.5 m 以上的原木，为建筑、造船、装修、家具制造、特殊用途等培育的材种，一般培育的立木平均胸径要达到 30 cm 以上，丰满通直，立木大径级材的出材率达到 40% 以上[1]；分树种定义指由国家和地方针对目标树种出台的相关标准，如桉树 Eucalyptus spp.、红锥 Castanopsis hystrix、杉木 Cunninghamia lanceolata 等树种的大径材培育技术标准[2-4]，从林分平均胸径、大径材株数占比、立木蓄积量和主伐年龄等方面对目标大径材树种进行了相关定义。

20 世纪末至 21 世纪初，中小径材的供需趋向饱和，而大径材的供需矛盾更加尖锐，其价值大大超过中小径材[1]。目前国内木材供给量无法跟上需求量的增长，使得进口压力不断增大。因此，培育优质、稳定的大径材人工林得到了日益重视。我国在第七十五届联大会议及气候峰会上宣布了新的国家自主贡献目标和长期愿景，提出了"2030 年前碳达峰、2060 年前碳中和"的目标。木材工业是我国林业产业的支柱产业，是低碳环保的绿色产业，是贮碳降碳的重要产业[5]。

大径材已成为社会和学界关注的热点议题，国内外众多学者对此展开了多学科多视角的研究，积累了丰富的学术成果。考虑到目前尚未有文献总结大径材的知识脉络和总体特征，国内仅有少数学者对大径级用材林[6]、具体树种大径材的培育技术[7]的研究进展进行了梳理和总结，但在大径材的宏观领域尚缺少对大量文献进行全面的量化统计分析。本节运用科学知识图谱（mapping knowledge domains）工具对国内外大径材相关文献进行计量分析，厘清其发展脉络趋势、研究热点的时序变化等，以期更加客观地了解该领域的研究进展，更加全面地展示该研究的知识结构。

一、研究方法与数据来源

（一）研究方法

科学知识图谱文献计量是针对海量文献分析与数据挖掘的新兴技术方法[8]。本研究采用的工具为引文空间（CiteSpace），分析不同时段研究关键词与热点的时序变化，着眼于揭示科学分析中蕴含的潜在知识，是在科学计量学（scientometric）、数据和信息可视化（data and information visualization）背景下逐渐发展起来的一款引文可视化分析软件，可进行合作网络分析、关键词共现分析、关键词聚类分析等。选取 CiteSpace 软件中的"关键词（Keyword）"作为网络节点，依次形成关键词图谱分析国内外大径材研究的基本概况，然后通过聚类功能和突变词频探测功能生成聚类图谱，探究该领域的研究动态。

（二）数据来源

由于 Web of Science（简称 WoS）数据库涵盖的期刊和论文集具有影响力且经同行专家评审并在一

定程度上反映学科研究水平和最新动态[9]，本节首先将其作为数据源，以"large diameter timber""large-sized timber""big-sized tree"作为主题词进行检索，时间范围为2002—2022年，检索时间为2022年6月15日，最终获取能够反映特定主题研究特征和发展趋势的研究性论文和综述的有效样本数据213篇。其次将中国知网（CNKI）作为数据源，以"大径材""大径级用材""大径木"等作为主题词检索近20年的文献，检索时间为2022年6月15日，得到大径材相关研究文献共检索出547篇。

二、研究的基本特征，即发文量分析

某领域文献数量及其变化趋势可以反映该研究领域历经的发展阶段，评价并预测研究的发展状况。大径材研究相关文献发表年度，如图1-1-1所示。

国外近20年来大径材研究大致可分为3个阶段。2002—2011年为大径材研究的萌芽期，虽然在2002年就已经引起学者的关注，但关注度不高，总发文量较少；2012—2017年处于形成阶段，发文量不稳定，但总体呈上升趋势，WoS数据库文献共有64篇；2018年至今处于发展阶段，截至2022年6月，WoS数据库文献共计71篇，开始研究可持续森林管理对植物多样性、木材量和碳储量的影响[10]。

国内近20年来大径材研究同样大致可分为3个阶段：2002—2007年为大径材研究的萌芽期，CNKI数据库文献有91篇，总发文量较少；2008—2017年为大径材研究的形成期，虽然各年发文量略有起伏，但较前一阶段有明显增长，CNKI数据库文献共259篇，重点研究了不同树种大径材的培育技术[11-12]，表明研究者逐步重视大径材的相关研究；2018年至今处于发展阶段，CNKI数据库文献有213篇，研究重点是不同林下植被管理措施对大径材林分土壤结构的影响[13-14]。特别是2020年9月我国在第七十五届联合国大会上明确提出争取实现碳中和目标之后，当年发文量达到了最高值。

可见国内外大径材研究总体呈上升趋势，近20年来得到国内外学者的持续关注。

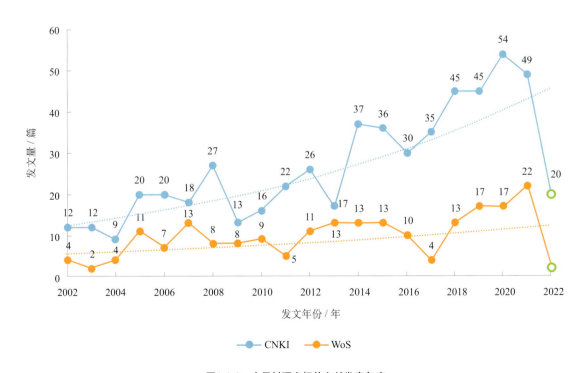

图1-1-1　大径材研究相关文献发表年度

Fig.1-1-1　Distribution of the annual publication volume of research literatures related to large-diameter timber

三、研究热点与主题分析

（一）研究热点分析

高频关键词代表着研究热点，多个关键词同时出现被称为关键词共现。对关键词共现产生的中心性进行分析，可以说明关键词对研究发展所起的控制作用，进而判断研究热点[15]。图 1-1-2 中节点大小代表关键词出现的频率，节点越大，频率越高，与主题的相关性就越大。节点的颜色深浅代表相关研究的时间远近，颜色越深，表示研究的时间越近；颜色越浅，时代越久远。总体来说，大径材研究领域关键词间的关联强度较高，研究分支发散。

在英文文献中有关大径材研究关键词共现图谱中有 446 个节点和 1846 条连线（图 1-1-2）。由图 1-1-2 可知，"forest" "growth" "stand" "dynamics" "management" "diversity" "tropical forest" 等关键词出现的频率相对较高。

中文文献中关键词共现图谱中有 427 个节点和 1110 条连线（图 1-1-3）。由图 1-1-3 可知，"杉木" "人工林" "定向培育" "杨树品种" "桉树" "培育技术" 是几个比较重要的研究热点。与英文文献的关键词共现图谱相比，关键词间的联系没那么紧密。

在 CiteSpace 中，中心性超过 0.1 的节点被称为关键节点。提取出现频次和中心性排名前 10 的高频关键词，得到表 1-1-1、表 1-1-2。

表 1-1-1 为英文大径材研究高频关键词排序表，WoS 数据库中的文献可将其归纳为 3 种类型。第 1 种类型的关键词是 "growth" "tree" 和 "stand"。作为大径材相关研究的基础性词汇，其内容上学科融合、涉及面广泛。第 2 种类型的关键词是 "diversity" "biodiversity" 和 "management"。木材和生物多样性被认为是两种对立的生态系统服务，学者们逐渐将生物多样性保护和木材生产结合起来[16]。第 3 种类型的关键词是 "disturbance" 和 "dynamics"。虽然这类关键词中心性及频次相对较低，但其是拓展相关研究的重要节点。

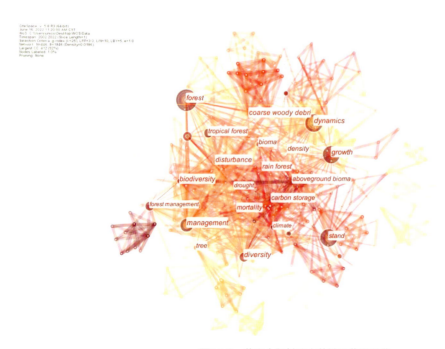

图 1-1-2　英文大径材研究关键词共现图谱
Fig.1-1-2　Keywords co-occurrence of large-diameter timber from English literatures

图1-1-3 中文大径材研究关键词共现图谱
Fig.1-1-3 Keywords co-occurrence of large-diameter timber from Chinese literatures

表1-1-2为中文大径材研究高频关键词排序表，CNKI数据库中的文献可将其归纳为3种类型。第1种类型的关键词是"大径材""人工林"和"大径级材"。作为大径材相关研究的统领关键词，其涉及面广泛，形式上研究手段丰富多样。其不仅是研究重点，还辐射出"材种结构""出材量"等关键词，因此中心性和频次都较高。第2种类型的关键词是"杉木""杨树"和"定向培育"。随着人们对木材的了解，对大径材树种选育和培育措施的研究也越来越受到重视。第3种类型的关键词是"施肥"和"森林经营"。这类关键词体现了对大径材培育和经营方式的探讨，为大径材培育项目的经济可行性和高效性提供参考[17-18]。

表1-1-1 英文大径材研究高频关键词排序表
Tab.1-1-1 High frequency keyword ranking table for English large-diameter material research

高频关键词频次			高频关键词中心性		
序号	出现频次	关键词	序号	中心性	关键词
1	25	management	1	0.3	growth
2	24	growth	2	0.26	diversity
3	22	diversity	3	0.22	management
4	22	forest	4	0.2	dynamics
5	21	dynamics	5	0.2	tree
6	19	stand	6	0.18	stand
7	12	forest management	7	0.17	coarse woody debri
8	12	disturbance	8	0.13	biodiversity
9	12	tropical forest	9	0.12	forest management
10	11	tree	10	0.11	disturbance

表1-1-2　中文大径材研究高频关键词排序表
Tab.1-1-2　Chinese large diameter material research high frequency keyword ranking table

高频关键词频次			高频关键词中心性		
序号	出现频次	关键词	序号	中心性	关键词
1	270	大径材	1	1.18	大径材
2	77	杉木	2	0.18	杉木
3	50	定向培育	3	0.08	人工林
4	33	桉树	4	0.05	定向培育
5	31	施肥	5	0.05	大径级材
6	29	培育	6	0.04	施肥
7	24	培育技术	7	0.04	培育
8	21	华山松	8	0.04	杨树
9	21	小径材	9	0.04	森林经营
10	20	人工林	10	0.04	杉木林

（二）研究趋势分析

1. 主题词聚类的演变

时间线视图主要侧重于勾画聚类之间的关系和某个聚类中文献的历史跨度，并给每个聚类赋予合适的标签[19]。在高频关键词知识图谱基础上，通过聚类算法生成知识聚类，然后点选"Show Terms by LLR"对数似然率算法，再选择"Control Panel"面板"Layout"中的"Timeline View"生成高频关键词聚类时序图谱（图1-1-4、图1-1-5），以此来表征大径材的研究主题。图谱中平行轴线代表不同聚类，序号数字越小，表示聚类中包含的关键词越多；节点大小同样代表关键词频次，节点位置代表关键词首次出现的时间[20]。施肥、杉木、培育技术问题的研究均起步较早且持续至今，表明这些研究一直是大径材的重点研究方向[21-23]；最新的研究内容为生长速度、珍贵树种，学者们为实现大径材的发展提供了各种思路[24-25]，致力于优化森林资源结构、增加森林资源储备、增强林业可持续发展能力。

2. 研究前沿

研究前沿可以用来描述学科领域的过渡本质，对研究前沿进行分析可以识别某领域可解决但尚未解决的问题。利用CiteSpace突变词频探测功能（burst term）生成大径材的突现词（图1-1-6、图1-1-7），可以对该领域研究前沿进行预测。其中，"突现年份"代表了该主题词的突变性显著变化的时间。CiteSpace检测出突现度排名前20的关键词（图1-1-6、图1-1-7），通过对近四年以来高突现度关键词进一步分析发现，近期相关的大径材研究前沿如下。

（1）气候。预测气候变化对木材供应的影响是一个目前的热门话题[26]，气候对树木的年径向生长有显著影响[27]，并且一些学者为了预测生长及制订在不断变化的环境和气候下的造林规划，建立了相关模型，有望促进可持续管理[28]。但气候涉及多学科领域，其他学科知识难以直接用于林业相关设计实践中，因此需要相应的学科范式对其进行转换和补充。

（2）林分。林分蓄积量指一定面积上活立木材积的总和，不仅是森林资源调查的重要参数，亦是评价森林数量特征、林地生产力高低及经营措施的重要指标[29]。通过实验性研究，探究间伐强度对林分蓄积量、木材数量和质量的影响[30]。另外，多异龄、混交的林分经营是提高林分生产力的有效途径，但是促进大径材的培育也需要在林分垂直结构的调整中视具体问题进行分析[31]。

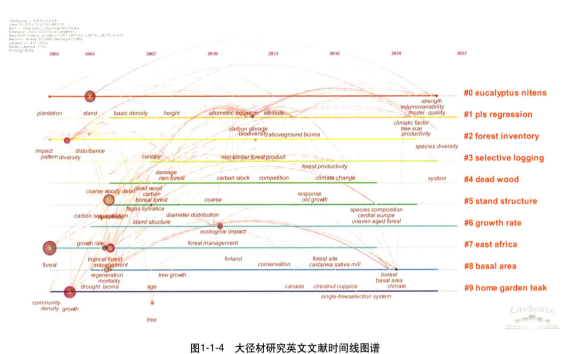

图1-1-4　大径材研究英文文献时间线图谱
Fig.1-1-4　Timeline of English literatures on large-diameter timber research

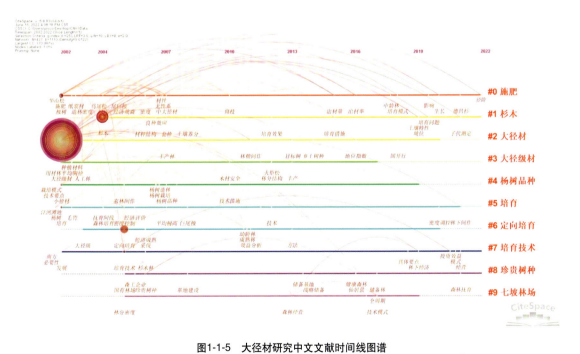

图1-1-5　大径材研究中文文献时间线图谱
Fig.1-1-5　Timeline of Chinese literatures on large-diameter timber research

第一章　总论 | 7

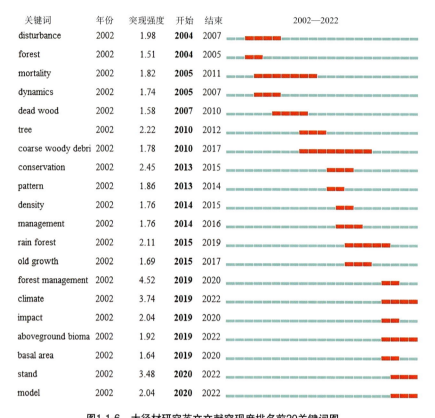

图1-1-6 大径材研究英文文献突现度排名前20关键词图
Fig.1-1-6 Atlas of emergence rate of English literatures on large-diameter timber

1-1-7 大径材研究中文文献突现度排名前20关键词图
Fig.1-1-7 Atlas of emergence rate of Chinese literatures on large-diameter timber

（3）杉木。杉木是我国南方特有的速生丰产树种，具有生长快、产量高、材杆通直等优点[32]。以往对杉木的研究主要集中在中小径材培育的速生丰产上，大径材产量较少，而杉木大径材定向培育技术的研究及成果推广是杉木人工林提质增效的迫切需求及有效途径[33]。目前的研究聚焦于杉木的高效培育模式[34]，从而提高营林成效，在相同的培育年限下，使大径材生长量提前5~10年达到或超过国家标准[35]。

（4）土壤养分。土壤养分的相关研究聚焦于研究地形、坡位、土壤养分与大径材形成的关系[36-37]，为建立大径材培育技术提供参考依据。在生产经营中对土壤pH值进行长期监测，在抚育措施中注意补施磷肥、撒播绿肥或采取林下套种喜阴树种，以改善林地的地力条件[38]，在林下植被的不同管理措施对其土壤特性与出材量的影响也有相关探讨，结果显示科学合理的林下植被管理模式，对于大径材的培育具有重要意义[39]。

四、小结

研究以WoS数据库与CNKI数据库中关于大径材研究的论文为数据支撑，利用CiteSpace软件对国内外大径材研究领域的发文量、关键词等进行知识图谱构建，探究国内外大径材的研究现状和热点前沿，通过分析可见目前大径材研究处于平稳发展阶段，从关键词看，"杉木""人工林""林分""动态"是国内外大径材的研究热点，研究重点从关注技术要点到珍优树种的探索，从经济效益向经济、生态、社会效益有机结合的转变，反映出大径材内涵在不断丰富，研究视角也在不断拓展。气候、林分、土壤养分、具体树种的定向培育等方面是未来的关注热点。

参考文献

[1] 查朝生. 安徽省发展大径级材森林资源的思考[J]. 林业资源管理, 2015 (1): 27–30.
[2] 国家林业局. 桉树大径材培育技术规程 LY/T 2909−2017 [S]. 中国标准出版社, 2017.
[3] 国家林业局. 红椎大径级目标树经营技术规程 LY/T 2618−2016 [S]. 中国标准出版社, 2016.
[4] 国家林业局. 杉木大径材培育技术规程 LY/T 2809−2017 [S]. 中国标准出版社, 2017.
[5] 劳万里, 段新芳, 吕斌, 等. 碳达峰碳中和目标下木材工业的发展路径分析[J]. 木材科学与技术, 2022, 36(1): 87–91.
[6] 徐高福, 丰炳财, 余梅生, 等. 大径级用材林研究现状与建设展望[J]. 防护林科技, 2008 (3): 61–63.
[7] 申巍, 马兰涛, 张俊祺, 等. 漳州桉树大径材培育技术研究及应用进展[J]. 桉树科技, 2022, 39 (1): 48–52.
[8] 李志明, 濮佩君. 英文文献中的海绵城市研究进展——基于CiteSpace和VOSviewer的知识图谱分析[J]. 现代城市研究, 2016 (7): 12–18.
[9] 李杰, 陈超美. CiteSpace: 科技文本挖掘及可视化[M]. 北京: 首都经济贸易大学出版社, 2016.
[10] Conde T M, Tonini H, Higuchi N, et al. Effects of sustainable forest management on tree diversity, timber volumes, and carbon stocks in an ecotone forest in the northern Brazilian Amazon[J]. Land Use Policy, Oxford: Elsevier Sci Ltd, 2022, 119: 106145.
[11] 陈代喜, 陈琴, 蒙跃环, 等. 杉木大径材高效培育技术探讨[J]. 南方农业学报, 2015, 46(2): 293–298.
[12] 张金文. 巨尾桉大径材间伐试验研究[J]. 林业科学研究, 2008 (4): 464–468.
[13] 费裕翀, 吴庆锥, 路锦, 等. 林下植被管理措施对杉木大径材林土壤细菌群落结构的影响[J]. 应用生态学报, 2020, 31(2): 407–416.
[14] 路锦, 伍丽华, 郑宏, 等. 不同林下植被管理措施对杉木大径材林分土壤真菌群落结构的影响[J]. 应用与环境生物学报, 2021, 27(4): 938–948.
[15] 顾至欣, 张青萍. 近20年国内苏州古典园林研究现状及趋势——基于CNKI的文献计量分析[J]. 中国园林, 2018, 34(12): 73–77.

[16] Schnabel F, Donoso P J, Winter C. Short-term effects of single-tree selection cutting on stand structure and tree species composition in Valdivian rainforests of Chile[J]. New Zealand Journal of Forestry Science, 2017, 47(1): 21.

[17] 赵铭臻, 王利艳, 刘静, 等. 间伐和施肥对杉木成熟林生长和材种结构的影响[J]. 浙江农林大学学报, 2022, 39(2): 338-346.

[18] 张可欣, 刘宪钊, 雷相东, 等. 马尾松人工林不同经营方式短期经济效益分析[J]. 北京林业大学学报, 2022, 44(5): 43-54.

[19] 陈悦, 陈超美, 刘则渊, 等. CiteSpace知识图谱的方法论功能[J]. 科学学研究, 2015, 33(2): 242-253.

[20] 游礼泉, 易军红, 刘牧, 等. 近30年国内康复景观研究现状与趋势——基于CiteSpace可视化分析[J]. 江西科学, 2020, 38(6): 915-921.

[21] 任衍敏, 陈敏健, 李惠通, 等. 配方施肥对杉木近熟林大径材材种结构的影响[J]. 森林与环境学报, 2021, 41(1): 18-25.

[22] 叶功富, 涂育合, 廖祖辉. 福建山地杉木大径材定向培育技术[J]. 林业科技开发, 2006 (3): 72-75.

[23] 武兰义, 于中华, 孙洪发, 等. 落叶松人工中近熟林大径材定向培育技术[J]. 沈阳农业大学学报, 1996 (3): 239-244.

[24] Neumann M, Adams M A, Lewis T. Native Forests Show Resilience to Selective Timber Harvesting in Southeast Queensland, Australia[J]. Frontiers in Forests and Global Change, Lausanne: Frontiers Media Sa, 2021, 4: 750350.

[25] 孙佳庆. 珍贵树种大径级用材林培育技术研究[J]. 吉林林业科技, 2012, 41(6): 14-18.

[26] Pukkala T. Transfer and response functions as a means to predict the effect of climate change on timber supply[J]. Forestry, Oxford: Oxford Univ. Press, 2017, 90(4): 573-580.

[27] Moreno-Fernandez D, Sanchez-Gonzalez M, Alvarez-Gonzalez J G, et al. Response to the interaction of thinning and pruning of pine species in Mediterranean mountains[J]. European Journal of Forest Research, New York: Springer, 2014, 133(5): 833-843.

[28] Huy B, Nam L C, Poudel K P, et al. Individual tree diameter growth modeling system for Dalat pine (*Pinus dalatensis* Ferre) of the upland mixed tropical forests[J]. Forest Ecology and Management, Amsterdam: Elsevier, 2021, 480: 118612.

[29] 杨安蓉, 张超, 王娟, 等. 应用无人机可见光遥感技术估测林分蓄积量[J]. 东北林业大学学报, 2022, 50(5): 70-75.

[30] Negishi Y, Eto Y, Hishita M, et al. Role of thinning intensity in creating mixed hardwood and conifer forests within a Cryptomeria japonica conifer plantation: A 14-year study[J]. Forest Ecology and Management, Amsterdam: Elsevier, 2020, 468: 118184.

[31] 姜俊, 陈贝贝, 赵秀海, 等. 以林分垂直结构为导向的大径材作业实验设计[J]. 林业资源管理, 2019 (5): 89-94.

[32] 张水松, 陈长发, 吴克选, 等. 杉木林间伐强度材种出材量和经济效果的研究[J]. 林业科学, 2006 (7): 37-46.

[33] 朱中华, 谢柯香, 王二喜. 杉木大径材培育技术[J]. 现代农业科技, 2021 (15): 139-140.

[34] 黄家勤. 广东粤北地区杉木大径材高效培育模式分析[J]. 农业科技与信息, 2022 (2): 64-66.

[35] 陈代喜, 戴俊, 陈琴, 等. 杉木大中径材高效栽培模式研究[J]. 广西林业科学, 2021, 50(1): 8-17.

[36] 黄磊, 王港, 杨冰, 等. 杉木大径材成材与地形、土壤养分的关系[J]. 福建农林大学学报(自然科学版), 2021, 50(5): 619-623.

[37] 苏妮尔, 沈海龙, 丁佩军, 等. 不同坡位红皮云杉林木生长与土壤理化性质比较[J]. 森林工程, 2020, 36(2): 6-11+19.

[38] 黄磊, 王港, 赵光忠, 等. 杉木大径材林地土壤养分变化规律[J]. 现代农业科技, 2021 (3): 127-131.

[39] 费裕翀, 吴庆锥, 张筱, 等. 不同林下植被管理措施对杉木大径材培育林土壤特性与出材量的影响[J]. 应用与环境生物学报, 2020, 26(3): 626-634.

第二节

广东优良大径材树种评价体系构建与树种筛选

中国是世界上第一大木材消费和木材进口国，每年消耗木材对外依存度接近50%[1]。近年来受国际贸易摩擦、绿色贸易壁垒、出口国环境及出口政策等因素影响，我国木材进口特别是珍稀树种和大径级原木进口断供风险加大，大量依赖木材进口对我国木材产业安全日益形成威胁[2-3]。新修订的《中华人民共和国森林法》第五十条提出，在保障生态安全的前提下，国家鼓励建设速生丰产林、珍贵树种和大径级用材林，增加林木储备，保障木材供给安全[4]。增加国内木材供给，形成"国内循环为主，国内国际双循环"的大径材生产格局是解决我国木材安全问题的重要途径[5]，同时大径级树木在减缓气候变化、生态保护、碳汇调节和生物多样性维护上具有更高的效益[6-7]，是实现碳中和战略和生态文明建设的高效路径[8]。

《广东林业十三五规划（2016—2020）》强调，要着力培育和保护珍稀树种种质资源，大力发展大径级用材林，形成树种搭配基本合理、结构相对优化的木材后备资源体系，缓解木材供需矛盾，初步构建全省木材生产安全保障体系。广东拥有优异的地理条件及丰富的树种资源，水热条件充足，具备培育大径材的良好基础条件[9-10]。然而，广东现存大径材林树种结构单一，以马尾松 *Pinus massoniana*、湿地松 *P. elliottii*、杉木等针叶树为主，龄组分配不均，过熟林和中幼龄林两极分化严重，人工林地力衰退严重，大径材林培育目标不明确以及大径材林培育技术体系不完善[8-9]，对优良大径材树种的选择及多样性树种的利用存在一定局限性，特别是大径级材用树种的造林方面仍处于相对落后的阶段，急需丰富大径材造林树种，并形成多样化的大径材造林培育体系。

本研究使用层次分析法（analytical hierarchy process，简称AHP）[11]构建广东优良大径材树种评价指标体系，对462种广东用材树种进行评分排序，筛选出一批优良的广东大径材林适用树种。本研究旨在丰富林业生产中的优质种质资源，为形成树种搭配基本合理、结构相对优化的木材后备资源体系提供多种可选方案，期望能有效地缓解广东木材供需矛盾，并实现森林生态效益的稳步提升。

一、材料与方法

（一）研究地概况

广东省地处中国大陆南端，位于20°09′~25°31′N、109°45′~117°20′E，面积17.97万km²，属于东亚季风区，气候类型从南向北由热带气候向亚热带气候过渡，光、热和水资源丰富，年均气温21.8 ℃，年均降水量1 789.3 mm。全省森林覆盖率达53.52%，活立木总蓄积量约为50 063.49万m³，森林蓄积量排全国第11名，经济林面积排全国第9名，森林年均采伐消耗排第3名[12]。广东省植物种类丰富，现记录有维管束植物374科2 284属8 106种[13]，其中用材植物达2 400种[14]。

（二）研究方法

1. 树种筛选流程

本研究对广东省有记录分布的乔木树种进行全面筛选，选择目标树种的方法和步骤如下。

（1）植物名录整理。使用《广东植物志》[15]、《广东植物多样性编目》[16]、《广东森林》[17]、CNKI文库（https://www.cnki.net/）和各类木材相关书籍[18-22]，整理出一份包含广东省8 100多种植物种类的物种目录。

（2）逐种筛查。剔除掉非木本植物、木质藤本、亚灌木、灌木、灌木状乔木、胸径上限小于15cm或树高上限小于10 m的乔木。

（3）特别标注。主要针对明确记载具有木材使用价值、在广东作为商品木材交易或具有造林实例的树种。

最终得到462种广东乔木树种作为待评大径材潜力树种，用于广东省优良大径材树种评价指标体系评价。

2. 评价指标体系构建

层次分析法是一种适用于多指标、多目标综合决策的方法[11]。本研究运用层次分析法构建优良大径材树种评价指标体系对广东大径材潜力树种进行综合评价。具体步骤如下。

（1）构建评价模型树。根据大径材的定义、标准和特点，立足于广东地理区域特征，结合当前林业产业对大径材的利用习惯及树种特性，参考前人对相关内容的研究成果[23-26]并征求相关领域的专家意见，建立优良大径材评价指标体系（图1-2-1）。

广东优良大径材树种评价模型树以优良大径材树种评价为一级目标层（A）目标；以树种特性、材性、价值和适育性4个方面作为二级约束层（B）指标；进一步细化，约束层指标下细分为17个指标层（C）评价因子。共计4个二级指标细和17个三级指标构建起广东省大径材造林树种综合评价的递阶层次模型。

（2）构建判断矩阵。采用德尔菲法（专家咨询法）对评价模型树中同一个上层指标下的并列指标进行两两比较，组织15位从事林业工作、科研的专家，对并列指标之间的相对重要性按照A. L. saaty标度（1~9分）进行打分，建立判断矩阵。

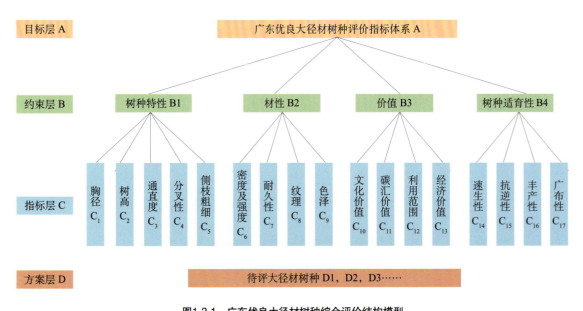

图1-2-1　广东优良大径材树种综合评价结构模型

Fig.1-2-1　Comprehensive Evaluation Structure Model for Excellent Large Diameter Tree Species in Guangdong Province

(3) 权重计算及一致性检验。对建立的判断矩阵，通过数据按列归一化、按行求和、归一化计算得到各指标的相对权重，再通过一致性检验确定指标的最终权重值。

矩阵按列归一化公式：

$$b_{ij}=\frac{a_{ij}}{\sum_i a_{ij}} (i, j=1, 2, \cdots, n) \tag{1-2-1}$$

按行求和公式：

$$v_i=\sum_j b_{ij} (i, j=1, 2, \cdots, n) \tag{1-2-2}$$

归一化得到权重：

$$w_i=\frac{v_i}{\sum_i v_i} (i, j=1, 2, \cdots, n) \tag{1-2-3}$$

一致性检验公式：

$$\lambda_{max}=\frac{1}{n}\sum_i \frac{(AW)_i}{w_i} (i, j=1, 2, \cdots, n) \tag{1-2-4}$$

$$CI=\frac{\lambda_{max}-n}{n-1} \tag{1-2-5}$$

$$CR=\frac{CI}{RI} \tag{1-2-6}$$

上述公式中，a_{ij} 为第 i 行 j 列的数值；λ_{max} 为最大矩阵特征值；RI 为平均随机一致性指标，当 n 为 1、2、3、4、5、6、7、8、9、10 时，RI 分别对应 0、0、0.52、0.89、1.12、1.26、1.32、1.41、1.45、1.49；只有当 $CR<0.1$ 时，一致性检验通过，权重可靠。

根据专家意见对各指标层进行指标之间的相对重要性赋值，建立 A-B（约束层相对于目标层的判断矩阵）、B-C（标准差相对于约束层的判断矩阵）共 5 个矩阵，各指标的权重计算结果和一致性检验结果，见表 1-2-1。

表1-2-1 判断矩阵及一致性检验
Tab.1-2-1 The judgment matrix of Standard layer to the constraint layer

层次模型	矩阵						W_i	一致性检验
A - B_i	A	B_1	B_2	B_3	B_4			
	B_1	1	2	3	2		0.409	$\lambda_{max}=4.260$
	B_2	1/2	1	2	2		0.262	$CI=0.087$
	B_3	1/3	1/2	1	1		0.140	$RI=0.89$
	B_4	1/2	1/2	2	1		0.189	$CR=0.097<0.1$
B_1 - C_i	B_1	C_1	C_2	C_3	C_4	C_5		
	C_1	1	1	2	3	3	0.330	$\lambda_{max}=5.085$
	C_2	1	1	1	2	2	0.246	$CI=0.021$
	C_3	1/2	1	1	1	1	0.165	$RI=1.12$
	C_4	1/3	1/2	1	1	1	0.129	$CR=0.019<0.1$
	C_5	1/3	1/2	1	1	1	0.129	
B_2 - C_i	B_2	C_6	C_7	C_8	C_9			
	C_6	1	2	3	4		0.481	$\lambda_{max}=4.046$
	C_7	1/2	1	1	2		0.220	$CI=0.015$
	C_8	1/3	1	1	1		0.168	$RI=0.89$
	C_9	1/4	1/2	1	1		0.131	$CR=0.017<0.1$
B_3 - C_i	B_3	C_{10}	C_{11}	C_{12}	C_{13}			

(续)

层次模型	矩阵					W_i	一致性检验
	C_{10}	1	1/3	1/2	1/2	0.121	$\lambda_{max} = 4.071$
	C_{11}	3	1	2	2	0.417	$CI = 0.024$
	C_{12}	2	1/2	1	2	0.269	$RI = 0.89$
	C_{13}	2	1/2	1/2	1	0.193	$CR = 0.027 < 0.1$
$B_4 - C_i$	B_4	C_{14}	C_{15}	C_{16}	C_{17}		
	C_{14}	1	2	2	3	0.423	$\lambda_{max} = 4.010$
	C_{15}	1/2	1	1	2	0.227	$CI = 0.003$
	C_{16}	1/2	1	1	2	0.227	$RI = 0.89$
	C_{17}	1/3	1/2	1/2	1	0.122	$CR = 0.004 < 0.1$

二、结果与分析

1. 优良大径材树种评价指标体系

通过构建评价模型树、德尔菲法建立判断矩阵和计算获得权重最终建立广东优良大径材树种评价体系，见表1-2-2。约束层（B）指标中，广东省大径材树种综合评价体系中树种特性的权重最高占0.409，其次是木材材性0.262、适育性0.189和价值0.140，即优良大径材树种首先需要具备良好的树种特性，包括足够大的胸径、树高和优质的干形，其次需要良好的材性和适育性，与过去林业生产中对用材树种特别是大径级树种的选择惯性相符合。

从标准层C各指标来看，各指标权重重要性占比从0.017到0.135不等，最高为胸径（$P=0.135$），最低为文化价值（$P=0.017$），权重排序靠前的指标为胸径、密度及强度、树高、速生性、通直度、碳汇能力、耐久性、分叉性和侧枝粗细。树种胸径和树高是优良大径材选择的最重要因素；同时对于以用材为主导目的的大径材培育行为，木材密度及强度是影响木材材性的重要指标；树种的树干通直度、树干分叉性和侧枝粗细也具有较大重要性。三项指标很大程度上影响着树种的产出木材的品质[27-28]。

表1-2-2 综合评价总排序值
Tab.1-2-2 The weight of the standard layer (P) for the target layer (A)

目标层A	B对A加权值	约束层B	C对B加权值	标准层C	总权重P
广东优良大径材树种评价	0.409	树种特性 B_1	0.330	胸径 C_1	0.135
			0.246	树高 C_2	0.101
			0.165	通直度 C_3	0.067
			0.129	分叉性 C_4	0.053
			0.129	侧枝粗细 C_5	0.053
	0.262	材性 B_2	0.481	密度及强度 C_6	0.126
			0.220	耐久性 C_7	0.058
			0.168	纹理 C_8	0.044
			0.131	色泽 C_9	0.034
	0.140	价值 B_3	0.121	文化价值 C_{10}	0.017
			0.417	碳汇能力 C_{11}	0.058
			0.269	利用范围 C_{12}	0.038
			0.193	经济价值 C_{13}	0.027
	0.189	适育性 B_3	0.423	速生性 C_{14}	0.080
			0.227	抗逆性 C_{15}	0.043
			0.227	丰产性 C_{16}	0.043
			0.122	广布性 C_{17}	0.023

标准层 C 各指标赋分标准，见表 1-2-3，根据以下公式计算各树种的综合评价值。将广东优良大径材树种综合评价值由高到低进行排序。

$$M=\sum_{i}^{n}P_iM_i \tag{1-2-7}$$

式中，M 为综合评价值；P_i 为标准层 C 各评价因相对于目标层 A 的权重；M_i 为各评价因子的得分值。

表1-2-3 评价指标赋分标准
Tab.1-2-3 Grading criteria for evaluation indicators

指标	等级标准				
	1~2	3~4	5~6	7~8	9~10
C_1 胸径 DBH (cm)	$DBH \leq 15$	$24 < DBH \leq 40$	$40 < DBH \leq 60$	$60 < DBH \leq 80$	$DBH > 80$
C_2 树高 H(m)	$H \leq 10$	$10 < H \leq 15$	$15 < H \leq 20$	$20 < H \leq 25$	$H > 25$
C_3 通直度	树干明显弯曲，枝下高小于 2 m	轻度弯曲，枝下高位于 2~4 m	树干较直，枝下高位于 4~6 m	树干几乎通直无弯曲，枝下高位于 6~8 m	树干完全通直无弯曲，枝下高大于 8 m
C_4 分叉性	树干分叉多，且分叉部位低于树高1/3	树干分叉较多，且在树高的 1/3~1/2 高度有分叉	基部分二叉且主干均通直，或在树高的 1/2~2/3 的高度有分叉	基部分二叉且主干均通直，或在树高的 2/3~4/5 高度有分叉	主干无分叉
C_5 侧枝粗细	有 3 个以上侧枝直径大于邻近主干直径的 1/3 且有 1 个以上大于 1/2	有 3 个以上侧枝直径大于邻近主干直径的 1/3	有 1~3 个侧枝直径大于邻近主干直径的 1/3	全部侧枝直径不大于邻近主干直径的 1/3	全部侧枝直径不大于邻近主干直径的 1/4
C_6 密度及强度 (cm³/g)	P（气干密度）< 0.40，强度弱	$0.4 \geq P > 0.6$，强度较弱	$0.6 \geq P > 0.8$，强度一般	$0.8 \geq P > 1.0$，强度较强	$P \geq 1.0$，强度很强
C_7 耐久性	不耐腐、不耐磨	耐腐、耐磨性较差	一般	较耐腐、耐磨	耐腐、耐磨性强
C_8 纹理	纹理粗糙杂乱，不明显	清晰度一般、交错或稍不明显	较清晰有序，粗细均匀，视觉效果较好	顺直或斜，流畅视觉效果较好，生动多变	细腻通达，清晰美观或常有独特花纹
C_9 色泽	颜色不均匀，冷色调，灰色至灰褐色，色饱和度值低，无光泽	明度较高，浅黄色至黄褐色，光泽度弱	黄褐色至浅黄褐色，心边材区别明显且比例较小，光泽度中等	浅红褐色至红褐色，色调均匀温和，视觉效果好，心边材比例高，较有光泽	材色红褐色至深红褐色，光泽度强或属于《红木国家标准》中的 8 类 33 种
C_{10} 文化价值	利用价值不长，属于新开发的树种资源	具有一定的利用历史，在部分地区有利用记载，但无特别文化影响力	具有一定的利用历史，在民间有广泛利用，并有史料记载，有某种象征意义或具备代表性	具有悠久的历史，并满足以下中的 1~2 项：①反映社会生活文化；②象征某种意义；③与历史故事传说等有关；④在文学作品中出现	具有悠久的历史，并满足以下中的 2 项以上：①反映社会生活文化；②象征某种意义；③与历史故事传说等有关；④在文学作品中出现
C_{11} 碳汇价值 (g/g)	全株含碳量小于 0.440	0.441~0.460	0.461~0.480	0.481~0.500	大于 0.500
C_{12} 利用价值	在建筑、家具、造船、桥梁、雕刻、军工、乐器、体育等中的 1 个领域使用或属于特殊用材	在 2~3 个领域中有使用	在 4~6 个领域中有使用	广泛用于各领域，但只提供木材，无其他附加值	除广泛用于各产业领域，还具备园林绿化、药用、食用价值等一项或多项
C_{13} 经济价值 （元/m³）	小于 1 500	1 500~3 000	3 000~4 500	4 500~6 000	大于 6 000
C_{14} 速生性	成材时间 55 年以上	成材时间 45~55 年	成材时间 35~45 年	成材时间 25~35 年	成材时间 25 年以下

(续)

指标	等级标准				
	1～2	3～4	5～6	7～8	9～10
C_{15} 抗逆性	不抗高温、寒害、水涝、干旱、盐碱、贫瘠、台风、病虫害 8 项中的 3 项以上，且受两项及以上影响严重	不抗 8 项中的 3～4 项，且受其中一项影响严重；或受两项影响严重	不抗 8 项中的 1～2 项，且受其中一项影响严重	不抗 8 项中的 1～2 项	树种抗性强，无发现明显短板
C_{16} 丰产性（m^3/hm^2）	年平均蓄积量为 3 以下	3～6	6～9	9～12	12 以上
C_{17} 广布性	分布县（区）1～3 个	分布县（区）4～6 个	分布县（区）7～9 个	分布县（区）10～12 个	分布县（区）为 12 个以上

2. 广东省优良大径材树种评价结果

（1）重点推荐树种。查阅木材树种相关书籍[18-22]、期刊论文和相关网站，结合团队在野外实地调查的照片和数据，整理得到 462 种待评广东大径材树种的胸径上限、树高上限、通直度、分叉性等 17 个指标的详细数据（未找到部分使用同属或同科中特性相近的树种数值代替）。根据得到的数据进一步对待评树种进行综合评价，评分排序前 100 的广东优良大径材树种（表 1-2-4），包括栽培引种树种 46 种和本土野生树种 54 种，其中属于国家珍贵用材树种的有 11 种，评分排序前 15 的树种分别是湿加松 Pinus elliottii × caribaea、马尾松、杉木、湿地松、红锥、柚木 Tectona grandis、团花 Neolamarckia cadamba、柠檬桉 Eucalyptus citriodora、檫木 Sassafras tzumu、赤桉 Eucalyptus camaldulensis、格木 Erythrophleum fordii、大桉 Eucalyptus grandis、醉香含笑 Michelia macclurei、青梅 Vatica mangachapoi 和木荷 Schima superba 等。

湿加松是湿地松和加勒比松的杂交种，其生长快、生长量大、树干通直、材性良好、耐水湿，在培育大径材上有显著的杂种培育优势，在广东台山 7 年生的试验林中，优良湿加松个体树高可达 12 m，胸径大于 20 cm[19]。马尾松、杉木、湿地松均是广东重要的针叶用材树种，生长迅速、树干通直、胸径上限均可达 1 m 以上，在广东全境有引种栽培，可作良种针叶大径材树种培育。红锥、柚木、檫木、格木和青梅属于国家珍贵用材树种，红锥大径材木材红褐色，材质坚重，是珍贵的乡土阔叶树种；柚木有世界"木中之王"的美誉，是我国热带和南亚热带地区具有发展前途的重要大径级用材树种之一；檫木是我国南方优良速生用材树种，树干高大通直，其大径级树木多来源天然散生；格木为国家二级保护野生植物，木材密度高，有"铁木"之称；团花（亦称黄梁木）为著名的速生树种，年均树高生长量可达 4 m，树高上限可达 30 m，胸径 150～200 cm，是极具潜力的大径材树种；柠檬桉、赤桉、大桉等桉属树种生长速度极快，干形通直，适宜作商品林大径材培育而评分靠前。

（2）重点推荐科属。广东优良大径材树种评价排序前 100 的树种共计 26 科 55 属，其中科下种数最多的是壳斗科 Fagaceae 5 属 18 种、桃金娘科 Myrtaceae 2 属 16 种、松科 Pinaceae 2 属 8 种和木兰科 Magnoliaceae 3 属 8 种，属于单属单种的有 12 种（图 1-2-2）。

在桃金娘科内推荐的桉属 Eucalyptus 植物有 15 种，桉属树种由于其突出的林学特性和经济特性，受到世界范围林业工程人员的广泛关注。我国桉树人工林总面积达 450 万 hm²，占全国林地总面积的 2%（其中 30% 的面积来自广东），年产木材 3 000 万 m³，占全国商品林木材产量的 26.9%[30-31]。广东桉树种植区主要集中在粤西、海丰、连平、阳江和惠阳等地区，种植树种有赤桉、大桉、柠檬桉、细叶桉 Eucalyptus tereticornis、邓恩桉 E. dunnii、蓝桉 E. globulus、柳叶桉 E. saligna、尾叶桉 E. urophylla、大桉 E. grandis、巨尾桉 E. grandis × urophylla 等[32]，与树种综合评价的推荐结果相符。壳斗科是热带与亚热带森林中常绿阔叶林和针阔混交林的重要组成部分，第七次全国森林资源清查中国栎类植物（壳斗科）森林面积和木材

表1-2-4 综合评价排序前100的树种
Tab.1-2-4 Top 100 tree species in comprehensive evaluation ranking

排序	科名	属名	种名	学名	栽培或野生	珍贵树种[29]	综合评分
1	松科	松属	湿加松	Pinus elliottii × caribaea	栽培		8.189
2	松科	松属	马尾松	Pinus massoniana	野生		8.115
3	柏科	杉木属	杉木	Cunninghamia lanceolata	野生		8.049
4	松科	松属	湿地松	Pinus elliottii	栽培		8.017
5	壳斗科	锥属	红锥	Castanopsis hystrix	野生	是	8.001
6	唇形科	柚木属	柚木	Tectona grandis	栽培	是	7.961
7	茜草科	团花属	团花	Neolamarckia cadamba	野生		7.946
8	桃金娘科	桉属	柠檬桉	Eucalyptus citriodora	栽培		7.945
9	樟科	檫木属	檫木	Sassafras tzumu	野生	是	7.937
10	桃金娘科	桉属	赤桉	Eucalyptus camaldulensis	栽培		7.923
11	豆科	格木属	格木	Erythrophleum fordii	野生	是	7.918
12	桃金娘科	桉属	大桉	Eucalyptus grandis	栽培		7.895
13	木兰科	含笑属	醉香含笑	Michelia macclurei	野生		7.878
14	龙脑香科	青梅属	青梅	Vatica mangachapoi	栽培	是	7.865
15	山茶科	木荷属	木荷	Schima superba	野生		7.839
16	松科	松属	加勒比松	Pinus caribaea	栽培		7.829
17	柏科	柳杉属	柳杉	Cryptomeria fortunei	栽培		7.822
18	松科	油杉属	油杉	Keteleeria fortunei	野生	是	7.844
19	桃金娘科	桉属	细叶桉	Eucalyptus tereticornis	栽培		7.808
20	壳斗科	栎属	麻栎	Quercus acutissima	野生	是	7.802
21	楝科	香椿属	红椿	Toona ciliata	野生	是	7.785
22	松科	松属	南亚松	Pinus latteri	野生		7.738
23	漆树科	南酸枣属	南酸枣	Choerospondias axillaris	野生		7.721
24	桃金娘科	桉属	邓恩桉	Eucalyptus dunnii	栽培		7.717
25	桃金娘科	桉属	小帽桉	Eucalyptus microcorys	栽培		7.715
26	木兰科	含笑属	乐昌含笑	Michelia chapensis	野生		7.696
27	桃金娘科	桉属	蓝桉	Eucalyptus globulus	栽培		7.677
28	柏科	柏木属	柏木	Cupressus funebris	野生		7.659
29	壳斗科	栎属	栓皮栎	Quercus variabilis	野生	是	7.651
30	柏科	翠柏属	台湾翠柏	Calocedrus formosana	栽培		7.647
31	柏科	柳杉属	日本柳杉	Cryptomeria japonica	栽培		7.632
32	木兰科	含笑属	观光木	Michelia odora	野生	是	7.628
33	壳斗科	栗属	锥栗	Castanea henryi	野生	是	7.627
34	楝科	桃花心木属	大叶桃花心木	Swietenia macrophylla	栽培		7.627
35	楝科	非洲楝属	非洲楝	Khaya senegalensis	栽培	是	7.619
36	桃金娘科	桉属	柳叶桉	Eucalyptus saligna	栽培		7.619
37	桃金娘科	桉属	尾叶桉	Eucalyptus urophylla	栽培		7.617
38	木兰科	木莲属	灰木莲	Manglietia glauca	栽培		7.616
39	松科	松属	火炬松	Pinus taeda	栽培		7.606
40	楝科	桃花心木属	桃花心木	Swietenia mahagoni	栽培	是	7.555
41	壳斗科	栎属	赤皮青冈	Quercus gilva	野生	是	7.547

(续)

排序	科名	属名	种名	学名	栽培或野生	珍贵树种[29]	综合评分
42	银杏科	银杏属	银杏	*Ginkgo biloba*	栽培	是	7.541
43	桃金娘科	桉属	大花序桉	*Eucalyptus cloeziana*	栽培		7.532
44	壳斗科	柯属	崖柯	*Lithocarpus amygdalifolius*	野生		7.521
45	壳斗科	柯属	红柯	*Lithocarpus fenzelianus*	野生		7.490
46	罗汉松科	陆均松属	陆均松	*Dacrydium pectinatum*	栽培		7.474
47	南洋杉科	南洋杉属	异叶南洋杉	*Araucaria heterophylla*	栽培		7.451
48	木兰科	含笑属	金叶含笑	*Michelia foveolata*	野生		7.450
49	南洋杉科	南洋杉属	南洋杉	*Araucaria cunninghamii*	栽培		7.440
50	松科	松属	华南五针松	*Pinus kwangtungensis*	野生		7.435
51	罗汉松科	鸡毛松属	鸡毛松	*Dacrycarpus imbricatus*	野生		7.433
52	壳斗科	栎属	槲栎	*Quercus aliena*	野生	是	7.432
53	壳斗科	锥属	毛锥	*Castanopsis fordii*	野生		7.431
54	桃金娘科	桉属	巨尾桉	*Eucalyptus grandis × urophylla*	栽培		7.411
55	樟科	润楠属	薄叶润楠	*Machilus leptophylla*	野生		7.399
56	豆科	金合欢属	马占相思	*Acacia mangium*	栽培		7.391
57	樟科	楠属	闽楠	*Phoebe bournei*	野生	是	7.387
58	蔷薇科	臀形果属	臀形果	*Pygeum topengii*	野生		7.383
59	桃金娘科	桉属	斑皮桉	*Eucalyptus maculata*	栽培		7.366
60	南洋杉科	南洋杉属	大叶南洋杉	*Araucaria bidwillii*	栽培		7.358
61	桃金娘科	桉属	斑叶桉	*Eucalyptus punctata*	栽培		7.346
62	木兰科	鹅掌楸属	鹅掌楸	*Liriodendron chinense*	栽培	是	7.344
63	红厚壳科	铁力木属	铁力木	*Mesua ferrea*	栽培	是	7.337
64	木兰科	含笑属	合果木	*Michelia baillonii*	栽培	是	7.317
65	壳斗科	栎属	竹叶青冈	*Quercus neglecta*	野生		7.312
66	樟科	樟属	樟	*Camphora officinarum*	野生		7.281
67	红豆杉科	红豆杉属	红豆杉	*Taxus wallichiana* var. *chinensis*	野生	是	7.267
68	金缕梅科	壳菜果属	壳菜果	*Mytilaria laosensis*	野生		7.210
69	木麻黄科	木麻黄属	木麻黄	*Casuarina equisetifolia*	栽培		7.207
70	龙脑香科	坡垒属	坡垒	*Hopea hainanensis*	栽培	是	7.200
71	楝科	麻楝属	麻楝	*Chukrasia tabularia*	野生	是	7.198
72	桃金娘科	桉属	粗皮桉	*Eucalyptus pellita*	栽培		7.189
73	楝科	楝属	苦楝	*Melia azedarach*	野生		7.166
74	壳斗科	水青冈属	水青冈	*Fagus longipetiolata*	野生	是	7.148
75	叶下珠科	秋枫属	秋枫	*Bischofia javanica*	野生		7.146
76	橄榄科	橄榄属	方榄	*Canarium bengalense*	栽培		7.142
77	壳斗科	锥属	钩锥	*Castanopsis tibetana*	野生		7.141
78	榆科	榉属	榉树	*Zelkova schneideriana*	野生	是	7.137
79	壳斗科	栎属	岭南青冈	*Quercus championii*	野生		7.130
80	橄榄科	橄榄属	橄榄	*Canarium album*	栽培		7.095
81	楝科	香椿属	香椿	*Toona sinensis*	野生	是	7.089
82	木兰科	含笑属	白花含笑	*Michelia mediocris*	野生		7.078
83	壳斗科	栎属	大叶青冈	*Quercus jenseniana*	野生		7.074
84	罗汉松科	竹柏属	竹柏	*Nageia nagi*	野生		7.069

(续)

排序	科名	属名	种名	学名	栽培或野生	珍贵树种[29]	综合评分
85	壳斗科	锥属	米槠	*Castanopsis carlesii*	野生	是	7.069
86	壳斗科	柯属	短尾柯	*Lithocarpus brevicaudatus*	野生		7.064
87	桃金娘科	红胶木属	红胶木	*Lophostemon confertus*	栽培		7.052
88	南洋杉科	贝壳杉属	贝壳杉	*Agathis damara*	栽培		7.042
89	豆科	紫檀属	檀香紫檀	*Pterocarpus santalinus*	栽培	是	7.039
90	壳斗科	锥属	秀丽锥	*Castanopsis jucunda*	野生		7.025
91	豆科	红豆属	长脐红豆	*Ormosia balansae*	野生		6.981
92	漆树科	黄连木属	黄连木	*Pistacia chinensis*	野生	是	6.978
93	红豆杉科	榧属	榧	*Torreya grandis*	野生		6.972
94	山榄科	紫荆木属	紫荆木	*Madhuca pasquieri*	野生		6.965
95	桃金娘科	桉属	葡萄桉	*Eucalyptus botryoides*	栽培		6.958
96	柏科	落羽杉属	落羽杉	*Taxodium distichum*	栽培		6.954
97	壳斗科	栎属	青冈	*Quercus glauca*	野生	是	6.953
98	柏科	圆柏属	圆柏	*Juniperus chinensis*	栽培		6.951
99	豆科	红豆属	红豆树	*Ormosia hosiei*	野生	是	6.946
100	蕈树科	枫香树属	枫香树	*Liquidambar formosana*	野生		6.922

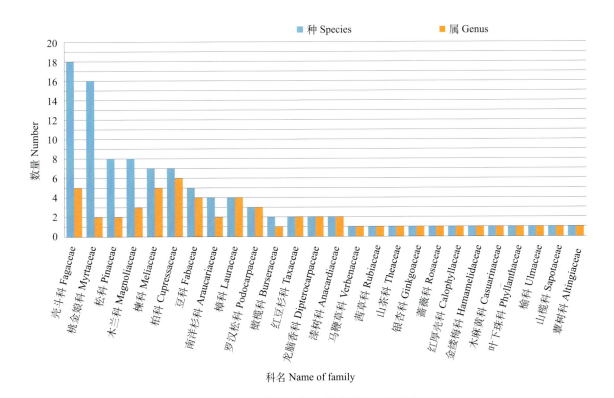

图1-2-2 综合评价排序前100树种的科、属数量分布

Fig.1-2-2 Distribution of the number of families and genera of the top 100 tree species in comprehensive evaluation ranking

产量均位列第一[33]。广东及海南地区分布壳斗科植物达 7 属 130 种 4 变种[34]，此次优良大径材树种评价前 100 的树种中入选 5 属 18 种，其中重点推荐作为优良大径材树种有红锥、麻栎 Quercus acutissima、栓皮栎 Q. variabilis、赤皮青冈 Q. gilva、槲栎 Q. aliena、竹叶青冈 Q. neglecta、岭南青冈 Q. championii、大叶青冈 Q. jenseniana、崖柯 Lithocarpus amygdalifolius、红柯 L. fenzelianus、锥栗 Castanea henryi、毛锥 C. fordii、钩锥 C. tibetana、水青冈 Fagus longipetiolata 等[35]。松科是裸子植物中最大的一科，也是我国主要的造林和用材树种来源科[22]，湿加松 Pinus elliottii × caribaea、湿地松、马尾松、加勒比松 P. caribaea 等均生长迅速、主干通直，胸径可达 1m 以上，其中马尾松大径材林占广东省大径材资源总面积的 33% 和总蓄积量的 31% 以上，广东发展针叶大径材林的潜力巨大[9]。同时当前林业树种利用中的实例已表明，木兰科的醉香含笑、乐昌含笑 Michelia chapensis、观光木 M. odora、金叶含笑 M. foveolata、灰木莲 Manglietia glauca、鹅掌楸 Liriodendron chinense 等树种适宜作良种大径材树种培育[19]。

三、小结

本节使用层次分析法构建了广东优良大径材树种评价指标体系，共计 4 个约束层指标和 17 个标准层因子，其中约束层指标权重重要性排序为树种特性、材性、适育性、价值；标准层权重重要性排序靠前的指标为胸径、密度及强度、树高、速生性、树干通直度、碳汇能力、耐久性、分叉性和侧枝粗细。

广东优良大径材树种的评分结果显示，排序前 100 的树种中有栽培引种树种 46 种和本土野生树种 54 种，属于国家珍贵用材树种的有 11 种，评分排序前 15 的树种分别是湿加松、马尾松、杉木、湿地松、红锥、柚木、团花、柠檬桉、檫木、赤桉、格木、大桉、醉香含笑、青梅和木荷，重点推荐科属是壳斗科、桃金娘科桉属、松科和木兰科。

目前针对林业生产中树种的选择，主要集中在珍贵用材树种、造林树种选择和薪炭林树种选择上。在对大径级树种的选择研究中，韩庆俞等[36]通过田间试验对鄂西地区 16 种大径材树种进行选择，发现银鹊树 Tapiscia sinensis 和鹅掌楸的平均材积增益最高。广东省内相关的树种选择研究中，陈美孜等[37]研究了 5 种珍贵用材树种在粤西桉树种植林采伐迹地种植的成效对比，结果表明红锥、格木、火力楠和海南红豆的生长适应性良好；樊小丽等[38]对比了 6 种龙脑香科珍贵用材树种在江门的生长差异；李祥彬等[39]对 13 种乡土树种进行造林评价，发现千年桐、红锥、枫香、木荷、火力楠、观光木、短序润楠、红花荷等生长速度较快。针对单个大径材树种进行的优良家系或单株选择研究，如湿加松[40]、红锥[41]、杉木[42]、柚木[43]、团花[44]等，所涉研究树种与本研究推荐优良大径材树种相符。

相关研究表明，培育混交林相比单一树种林分更能够提升森林生态系统稳定性、土壤动物群落多样性、林下植被多样性、森林碳汇能力、促进胸径和树高生长等[45-49]。大径材林是森林培育中的高级目标，培育大径材林除了满足木材需求，还应充分考虑森林的生态效益，实现多效益平衡，因此需要在参考评分结果的同时结合现实需求进行树种选择。当培育以速生用材为主的商品林时，可选湿加松、马尾松、杉木、湿地松、柚木、团花、桉树等培育年限为中长期的栽培大径材树种；当培育以发挥生态效益为主的公益林时，应考虑使用红锥、柚木、格木、檫木、醉香含笑、红椿、观光木等长周期的乡土阔叶树种或珍贵用材树种。在林业生产中需通过多样化的营林方式，充分发挥大径材林效益。

层次分析法在多指标、多目标的决策中具有很高的适用性，但同时也有不足。其受指标选取、专家打分计算权重等过程中的主观性影响，不同指标和权重会导致评价的结果产生偏差，该特点是在运用层次分析法进行的决策中无法克服的[50-51]，因此综合评价过程中需加强指标选取的合理性和专家打分的代表性[52]。为确定层次分析法的主观性问题对评价结果的影响程度大小，作者前期通过改变评价体系的指标权重进行评分发现，树种评价结果的位置顺序具有相对性，即优良大径材树种的评价排位会在一定范围内波动，如广东优良大径材树种评价排序前 15 的树种，由于树种特性本身的优良性，在不同权重评价指标体系下结果依旧位列前排。因此优良大径材树种综合评价的结果即使具有局限性，但仍具备很好的参考价值。

广东省森林资源丰富，但其中的大径材林资源总量不足、整体质量不高，在培育大径材林方面具有巨大潜力。选用更加优质的大径材树种和多树种混交将有助于加快广东大径材林培育的进展和成效。由于条件有限，本研究仅对优良大径材树种进行综合评分排序，未来应进一步明确不同树种适合的立地条件并根据现实生产条件选择优良大径材树种，同时应探索适宜的树种搭配模式，为林业生产提供科学指导。

参考文献

[1] 蒋业恒，高娜，陈勇，等．中国木材进口需求材种结构数量关系分析 [J]．世界林业研究，2021, 34(2): 62−67.

[2] 程宝栋．我国木材安全分析与评价 [J]．西北农林科技大学学报（社会科学版），2011, 11(5): 43−47.

[3] 郭辰星，朱震锋，刘嘉琦．新时期中国木材资源供需现状、问题及方略 [J]．中国林业经济，2019 (5): 66−69.

[4] 罗颖，刘珉川，孙于岚，等．新《森林法》实施对中国木材加工业国际竞争力的影响分析 [J]．世界林业研究，2022, 35(2): 129−134.

[5] 柴梅，田明华，杜磊，等．中国木材对外依存度降低的可能性分析 [J]．北京林业大学学报（社会科学版），2022, 21(1): 19−28.

[6] Bradford M, Murphy H T. The importance of large-diameter trees in the wet tropical rainforests of Australia[J]. PLoS ONE, 2019, 14(5): 1−16.

[7] Begemann A, Giessen L, Roitsch D, et al. Quo vadis global forest governance? A transdisciplinary delphi study[J]. Environmental Science & Policy, 2021, 123: 131−141.

[8] 贺梓晴，余庆宙，胡雪花，等．碳中和背景下南方大径材林培育问题与对策分析 [J]．广西林业科学，2024, 53(1): 116−123.

[9] 简阳，杨沅志，黄少辉，等．广东省大径材林资源现状分析 [J]．林业与环境科学，2022 (S1): 30−35.

[10] 吴贞江，张佳华．基于激光雷达卫星（GEDI）的广东省森林冠层高度和生物量估算 [J]．测绘通报，2023 (12): 102−105.

[11] 王建军，安冰．基于层次分析法的广西国有派阳山林场森林健康状况综合评价 [J]．西部林业科学，2022, 51(3): 114−117+137.

[12] 柯善新，胡觉，黄湘南．广东省"十四五"期间森林资源保护与发展思考 [J]．中南林业调查规划，2019, 38(3): 5−10+24.

[13] 宋柱秋，叶文，董仕勇，等．广东省高等植物多样性编目和分布数据集 [J]．生物多样性，2023, 31(9): 78−85.

[14] 彭达，罗勇，李子宁．广东省珍贵树种发展现状与对策探讨 [J]．广东林业科技，2010, 26(6): 81−85.

[15] 中国科学院华南植物研究所．广东植物志 [M]．广州：广东科技出版社，1987.

[16] 叶华谷，彭少麟．广东植物多样性编目 [M]．广州：广东世界图书出版公司，2006.

[17] 徐燕千．广东森林 [M]．北京：中国林业出版社，1990.

[18] 余光主．中国南方木材鉴定图谱 [M]．福州：福建科学技术出版社，2017.

[19] 徐英宝，曾培贤．广东省商品林 100 种优良树种栽培技术 [M]．广州：广东科技出版社，2003.

[20] 徐峰，黄善忠．热带亚热带优良珍贵木材彩色图鉴 [M]．南宁：广西科学技术出版社，2009.

[21] 蒋善宝．广东从化经济树木 [J]．热带林业，1984 (3): 42−51+55.

[22] 成俊卿，杨家驹，刘鹏．中国木材志 [M]．北京：中国林业出版社，1992.

[23] 林玮，白青松，陈雪梅，等．华南主要造林树种碳汇能力评价体系构建及优良碳汇树种筛选 [J]．西南林业大学学报（自然科学），2020, 40(1): 28−37.

[24] 李清莹，陈伟俊，仲崇禄，等．火力楠种质资源早期综合评价与选择 [J]．浙江理工大学学报（自然科学版），2019, 41(6): 799−805.

[25] 聂跃. 贵阳市珍贵乡土阔叶用材树种调查与评价[D]. 贵阳: 贵州大学, 2022.
[26] 倪必勇, 林文俊, 陈世品, 等. 福建省珍贵用材树种选择与评价[J]. 森林与环境学报, 2015, 35(4): 351-357.
[27] 唐继新, 朱雪萍, 贾宏炎, 等. 西南桦红椎混交林的生长动态及林木形质分析[J]. 南京林业大学学报(自然科学版), 2022, 46(1): 97-105.
[28] 黄清麟, 郑群瑞, 戎建涛, 等. 福建中亚热带天然阔叶用材林择伐技术Ⅰ. 基于树种特征的目标树种清单[J]. 山地学报, 2012, 30(2): 180-185.
[29] 国家林业局. 中国主要栽培珍贵用材树种 LY/T 2248-2014 [S]. 中国标准出版社, 2014.
[30] 谢耀坚. 论中国桉树发展的贡献和可持续经营策略[J]. 桉树科技, 2016, 33(4): 26-31.
[31] 唐启恒, 陈勇平. 国内外人工林桉树木材加工利用现状和展望[J]. 中国人造板, 2020, 27(6): 18-21.
[32] 陈勇平, 吕建雄, 陈志林. 我国桉树人工林发展概况及其利用现状[J]. 中国人造板, 2019, 26(12): 6-9.
[33] 国家林业局森林资源管理司. 第七次全国森林资源清查及森林资源状况[J]. 林业资源管理, 2010 (1): 1-8.
[34] 周伟, 夏念和. 我国壳斗科植物资源——尚待开发的宝库[J]. 林业资源管理, 2011 (2): 93-96+100.
[35] 端木. 我国青冈属资源的综合利用[J]. 北京林业大学学报, 1995 (2): 109-110.
[36] 韩庆瑜, 郭义东, 祁松, 等. 鄂西山区主要乡土阔叶大径用材树种选择研究[J]. 绿色科技, 2016 (13): 1-7.
[37] 陈美孜, 陈仪飞, 陆媚. 5种珍贵用材树种在粤西地区桉树采伐迹地的生长差异分析[J]. 现代园艺, 2022, 45(24): 29-30.
[38] 樊小丽, 吴有荣, 刘一贞, 等. 6种龙脑香科珍贵用材树种在广东江门的中期生长表现[J]. 林业科技通讯, 2022 (3): 34-37.
[39] 李祥彬, 朱政财, 王海华, 等. 13种乡土树种在广州万寿寺林分改造的早期生长评价[J]. 亚热带农业研究, 2019, 15(3): 163-168.
[40] 沈熙环, 黄永权. 广东省湿加松良种选育和推广进展[J]. 林业科技通讯, 2018 (1): 74-75.
[41] 徐放, 张卫华, 杨晓慧, 等. 红锥2代种子园半同胞子代苗生长差异分析[J]. 林业与环境科学, 2020, 36(5): 28-33.
[42] 邓厚银, 胡德活, 林军, 等. 杉木半同胞子代胸径变异和大径材家系选择[J]. 热带亚热带植物学报, 2020, 28(5): 513-519.
[43] 李运兴, 梁坤南, 黄桂华, 等. 13个柚木种源/家系生长表现研究[J]. 林业科学研究, 2024, 37(1): 1-9.
[44] 阚青敏. 黄梁木遗传变异与优良种源/家系早期选择[D]. 广州: 华南农业大学, 2016.
[45] 陈汉忠. 杉木与檫木混交造林研究[J]. 安徽农学通报, 2020, 26(10): 43+114.
[46] Ma F Z, Zhang W W, Yan J L, et al. Early advantage for carbon sequestration of monocultures and greater long-term carbon sink potential of broadleaf mixed forests: 20-year evidence from the Shanghai Green Belt[J]. Ecological Indicators, 2024, 159: 111655.
[47] Deng P Y, Zhou Y C, Chen W S, et al. Microbial mechanisms for improved soil phosphorus mobilization in monoculture conifer plantations by mixing with broadleaved trees[J]. Journal of Environmental Management, 2024, 359: 120955.
[48] 党香宁, 杨礼通, 李金金, 等. 马尾松纯林开窗补植油樟对土壤动物群落特征的影响[J]. 东北林业大学学报, 2022, 50(10): 76-83.
[49] 庞圣江, 张培, 贾宏炎, 等. 不同造林模式对桉树人工林林下植物物种多样性的影响[J]. 西北农林科技大学学报(自然科学版), 2020, 48(9): 44-52.
[50] 杨海涛, 马东堂. 层次分析法中判断矩阵的一致性研究[J]. 现代电子技术, 2007 (19): 46-48.
[51] 郭金玉, 张忠彬, 孙庆云. 层次分析法的研究与应用[J]. 中国安全科学学报, 2008 (5): 148-153.
[52] 吴殿廷, 李东方. 层次分析法的不足及其改进的途径[J]. 北京师范大学学报(自然科学版), 2004 (2): 264-268.

第二章
树种各论

桉 *Eucalyptus robusta* Smith

桃金娘科 Myrtaceae | 桉属 *Eucalyptus*

别名：大叶有加利，大叶桉

形态特征

常绿乔木，高达 20 m，胸径可至 0.6 m。树皮宿存，深褐色，稍软松，有不规则斜裂沟。嫩枝有棱。幼叶对生，叶片厚革质，卵形，长约 11 cm，宽达 7 cm；成熟叶卵状披针形，厚革质，不等侧，长 8~17 cm，宽 3~7 cm，侧脉多而明显，两面均有腺点，边脉离边缘 1~1.5 mm；叶柄长 1.5~2.5 cm。伞形花序粗大，有花 4~8 朵；花蕾长 1.4~2 cm，宽 7~10 mm。蒴果卵状壶形，长 1~1.5 cm。

花果期

花期 4~9 月，果期 9~11 月。

地理分布

广东：各地栽培。
国内：广东、四川、云南栽培。
国外：澳大利亚。

生态特性

在原产地主要分布于沼泽地、靠海的河口的重黏壤地区，也可见于海岸附近的砂壤土。在华南各省份栽种多作为行道树或低丘陵造林。

木材特性

边材为暗红褐色，心材为深红褐色，木材无特殊气味，生长轮较明显，木射线较多，纹理扭曲交错，加工较难，散孔管孔略小，大小区别不明显，分布不均匀，有侵填体。木材不耐腐，易遭虫蛀和白蚁危害。

其他

我国重要造林树种，具有生长快、干形直等特性。目前已有造林、化学成分、生物活性、医学应用等方面研究。

参考文献

[1] 覃引鸾, 董友明. 大叶桉木材乙酰化改性性能研究 [J]. 广西农学报, 2022, 37(3): 63-68.

[2] 中国科学院中国植物志编辑委员会. 中国植物志·第五十三卷（第一分册）[M]. 北京：科学出版社, 1984.

木兰科 Magnoliaceae | 含笑属 Michelia | *Michelia mediocris* Dandy

白花含笑

别名：苦梓，苦子

形态特征

常绿乔木，高达 25 m，胸径可至 0.9 m。树皮灰褐色。芽被红褐色微柔毛。嫩枝、嫩叶被灰白色的平伏微柔毛。叶薄革质，菱状椭圆形，长 6~13 cm，宽 3~5 cm，先端短渐尖，基部楔形或阔楔形，下面被灰白色平伏微柔毛；侧脉每边 10~15 条，网脉致密；柄长 1.5~3 cm。花白色，花被片 9，匙形，长 1.8~2.2 cm，宽 5~8 mm。聚合果熟时黑褐色，长 2~3.5 cm；蓇葖倒卵圆形或长圆体形或球形，长 1~2 cm，有白色皮孔，顶端具圆钝的喙。种子鲜红色，长 5~8 mm，宽约 5 mm。

花果期

花期 12 月至翌年 1 月，果期翌年 6~7 月。

地理分布

广东：广州、曲江、始兴、仁化、翁源、乳源、新丰、乐昌、深圳、信宜、肇庆、高要、博罗、龙门、梅县、和平、阳江、阳山、连山、英德、连州、揭西。

国内：广东、广西、海南、香港、澳门、福建、湖南、贵州、云南、江西、浙江。

国外：越南、柬埔寨。

生态特性

海拔 400~1 000 m 的山坡杂木林中。

木材特性

木材质轻细软，散孔材，管孔在整个生长轮中的排列为径向斜向排列，径向复管孔 7 个，宜作上等家具、乐器、胶合板、细木工等。

其他

目前研究聚焦于其挥发油主要成分的提取与分析。

参考文献

[1] 杜金风，夏伟，闫浩，等．海南白花含笑叶挥发油成分的 GC-MS 分析 [J]．中国农学通报，2016, 32(25): 194-198.

[2] 中国科学院中国植物志编辑委员会．中国植物志·第三十卷（第一分册）[M]．北京：科学出版社，1996.

百日青

Podocarpus neriifolius D. Don

罗汉松科 Podocarpaceae | 罗汉松属 *Podocarpus*

别名：大叶竹柏松，白松

形态特征

常绿乔木，高达 25 m，胸径可至 0.5 m。树皮灰褐色，薄纤维质，成片状纵裂。枝条开展或斜展。叶螺旋状着生，披针形，厚革质，长 7~15 cm，宽 9~13 mm，上部渐窄，先端有渐尖的长尖头。雄球花穗状，单生或 2~3 个簇生，长 2.5~5 cm，总梗较短，基部有多数螺旋状排列的苞片。种子卵圆形，长 8~16 mm，顶端圆或钝，熟时肉质假种皮紫红色，种托肉质橙红色，梗长 9~22 mm。

花果期

花期 5 月，果期 10~11 月。

地理分布

广东：乐昌、乳源、连州、连山、连南、阳山、仁化、英德、和平、连平、龙门、怀集、罗定、信宜、阳江、阳春、封开。

国内：广东、广西、福建、贵州、江西、湖南。

国外：尼泊尔、印度、不丹、缅甸、老挝、越南、印度尼西亚、马来西亚。

生态特性

常在海拔 400~1 000 m 山地与阔叶树混生成林。

木材特性

木材黄褐色，纹理直，结构细密，硬度中等，比重 0.54~0.62。材质优良，木材坚韧，可供建筑、家具、乐器、文具及雕刻等。

其他

庭院绿化、生态风景林以及珍贵用材林建设的优良树种。目前研究主要集中于其生态分布以及栽培技术。

参考文献

[1] 靳丹娅，钟萍，杨德军. 百日青栽培及其幼林生长规律 [J]. 广西林业科学，2012, 41 (1): 62-64.

[2] 邱琼，钟萍，罗娅，等. 百日青容器苗分级研究 [J]. 林业与环境科学，2016, 32(4) : 53-56.

[3] 中国科学院中国植物志编辑委员会. 中国植物志·第七卷 [M]. 北京：科学出版社，1978.

柏科 Cupressaceae | 柏木属 Cupressus

柏木

Cupressus funebris Endl.

别名：黄柏，垂丝柏，香扁柏

形态特征

乔木，高达 35 m，胸径可达 2 m。树皮淡褐灰色，裂成窄长条片。鳞叶二型，长 1~1.5 mm，先端锐尖，中央之叶的背部有条状腺点，两侧的叶对折，背部有棱脊；初生叶扁平刺形，长 5~17 mm，宽约 0.5 mm。雄球花椭圆形或卵圆形，长 2.5~3 mm，雄蕊通常 6 对，药隔顶端常具短尖头，中央具纵脊；雌球花长 3~6 mm，近球形，径约 3.5 mm。球果圆球形，直径 8~12 mm，熟时暗褐色；种鳞 4 对，顶端为不规则五角形或方形。种子熟时淡褐色，长约 2.5 mm，边缘具窄翅。

花果期

花期 3~5 月，果期翌年 5~6 月。

地理分布

广东：乳源、乐昌、连州、连山、连南、英德、南雄、始兴、翁源、新丰、和平、连平、紫金。

国内：广东、广西、福建、贵州、江西、湖南、湖北、云南、安徽、四川、甘肃、陕西、浙江、河南。

生态特性

喜生于温暖湿润的各种土壤地带，尤以在石灰岩山地钙质土上生长良好。在四川北部沿嘉陵江流域、渠江流域及其支流两岸的山地常有生长茂盛的柏木纯林。

木材特性

心材黄褐色，边材淡褐黄色或淡黄色，纹理直，结构细，质稍脆，耐水湿，抗腐性强，有香气，比重 0.44~0.59，可供建筑、造船、车厢、器具、家具等用。

其他

我国特有树种，枝叶可提芳香油，生长快，用途广，适应性强，可作长江以南湿暖地区石灰岩山地的造林树种。目前主要集中于其生物学特性、抗逆性以及木材特性的研究。

参考文献

[1] 李贵, 陈瑞, 刘振华, 等. 废弃矿区不同比例柏木混交林修复效应研究 [J]. 西部林业科学, 2023, 52(5): 55-63.

[2] 楼君, 金国庆, 丰忠平, 等. 柏木无性系扦插育苗技术的研究 [J]. 浙江林业科技, 2014, 4: 34-40.

[3] 黎燕琼, 郑绍伟, 龚固堂, 等. 不同年龄柏木混交林下主要灌木黄荆生物量及分配格局 [J]. 生态学报, 2010 (11): 2809-2818.

[4] 中国科学院中国植物志编辑委员会. 中国植物志·第七卷 [M]. 北京: 科学出版社, 1978.

贝壳杉

Agathis dammara (Lamb.) Rich. & A. Rich.

南洋杉科 Araucariaceae | 贝壳杉属 *Agathis*

别名：贝壳杉木，白贝壳杉，南洋扁柏

形态特征

乔木，高达 38 m，胸径可达 0.45 m 以上。树皮厚，带红灰色。树冠圆锥形。幼枝淡绿色。叶深绿色，革质，矩圆状披针形或椭圆形，长 5~12 cm，宽 1.2~5 cm，具多数不明显的并列细脉，叶柄长 3~8 mm。雄球花圆柱形，长 5~7.5 cm，直径 1.8~2.5 cm。球果近圆球形或宽卵圆形，苞鳞宽 2.5~3 cm，先端增厚而反曲。种子倒卵圆形，长约 1.2 cm。

花果期

花期 2~3 月，果期 10 月。

地理分布

广东：广州、深圳、珠海、高要等栽培。

国内：广东、福建、厦门栽培。

国外：马来西亚、菲律宾。

生态特性

生于温热湿润气候，但较耐寒，能耐短期 -5 ℃ 低温和冰冻，在土层深厚、肥沃湿润、排水良好的微酸性土壤中生长良好，寿命较长。

木材特性

木材纹理、结构细而均匀，质轻软，干缩小，加工容易，切面光滑，旋切性能佳，油漆和胶黏性能良好，握钉力强，是优良的建筑用材。

其他

树干含有丰富的达麦拉树脂，在工业及医药上有广泛用途。目前主要集中于其引种栽培、育种、化学成分分析及其药理作用等方面的研究。

参考文献

[1] 陈瑞祥. 南亚热带山地与滨海地区引种贝壳杉效果初探[J]. 林业勘察设计, 2021, 41(2): 50−52.

[2] 林狄显. 不同基质配比和贮种时长对贝壳杉容器育苗的影响[J]. 防护林科技, 2022 (1): 30−31+66.

[3] 中国科学院中国植物志编辑委员会. 中国植物志·第七卷[M]. 北京: 科学出版社, 1978.

檫木

Sassafras tzumu (Hemsl.) Hemsl.

樟科 Lauraceae | 檫木属 *Sassafras*

别名：山檫，南树，檫树

形态特征

落叶乔木，高可达 35 m，胸径可达 2.5 m。树皮幼时黄绿色，平滑，老时变灰褐色，呈不规则纵裂。枝条粗壮，初时带红色，干后变黑色。叶互生，聚集于枝顶，卵形或倒卵形，长 9~18 cm，宽 6~10 cm，先端渐尖，基部楔形，全缘或 2~3 浅裂，坚纸质，羽状脉或离基三出脉；叶柄纤细，长 (1) 2~7 cm，鲜时常带红色。花序顶生，长 4~5 cm，与序轴密被棕褐色柔毛，基部宿存总苞片；花黄色，长约 4 mm，雌雄异株。果近球形，直径达 8 mm，成熟时蓝黑色而带有白蜡粉，着生于浅杯状的果托上，果梗长 1.5~2 cm，与果托呈红色。

花果期

花期 3~4 月，果期 5~9 月。

地理分布

广东：乐昌、乳源、连州、连山、连南、南雄、始兴、仁化、英德、阳山、翁源、新丰、连平、和平、龙门、从化、龙川、封开、怀集、罗定、广宁。

国内：广东、广西、云南、贵州、四川、湖南、湖北、江西、福建、安徽、浙江、江苏。

生态特性

常生于疏林或密林中，海拔 150~1 900 m。

木材特性

　　木材浅黄色，材质优良、细致、耐久，适作造船、水车及上等家具用材。

其他

　　根和树皮入药，可活血散瘀，祛风去湿，治扭伤挫伤和腰肌劳伤；根含芳香油1%以上，油主要成分为黄樟油素。目前研究集中于其营造林技术、良种选育、生态效益和生理生化特性等方面。

参考文献

[1] 谷澎芳，陈建国，韩红，等. 檫木花果形态构造及其发育初步观察[J]. 浙江林业科技，1991, 11(4): 16-22.

[2] 王馨，杨淑桂，于芬，等. 檫木的研究进展[J]. 南方林业科学，2015, 43(5): 29-33+39.

[3] 中国科学院中国植物志编辑委员会. 中国植物志·第三十一卷[M]. 北京：科学出版社，1982.

长叶竹柏

Nageia fleuryi (Hickel) de Laub.　　罗汉松科 Podocarpaceae ｜ 竹柏属 *Nageia*

别名：桐木树

形态特征
乔木，高达 20 m，胸径可达 0.5 m。叶交叉对生，宽披针形，质地厚，长 8~18 cm，宽 2.2~5 cm，上部渐窄，先端渐尖，基部楔形，窄成扁平的短柄。雄球花穗腋生，常 3~6 个簇生于总梗上，长 1.5~6.5 cm，总梗长 2~5 mm，药隔三角状，边缘有锯齿；雌球花单生叶腋，花梗上具数枚苞片，轴端的苞腋着生 1~2（3）枚胚珠，仅 1 枚发育成熟。种子圆球形，熟时假种皮蓝紫色，径 1.5~1.8 cm。

花果期
花期 3~4 月，果期 10~11 月。

地理分布
广东：广州、龙门、博罗、惠东、高要、阳春、阳西。

国内：广东、广西、云南。

生态特性
常散生于常绿阔叶树林中。

木材特性
木材淡黄褐色，结构致密，纹理细直，材质较软而轻，易于加工，不变形，颇耐腐，纵向切面平滑光泽，色泽均匀，美观雅致，油漆性能也较松杉更佳，适于作上等家具、建筑、高级箱板、雕刻、器具及文具等用材。

其他

我国热带和南亚热带的常绿阔叶珍稀树种。由于其特殊的生物学和生态学特性，大多散生，并且由于长期砍伐而现存资源较少。目前国内对其生长繁殖与环境关系、幼苗在逆境中的响应和种子萌发特性开展了相关研究。

参考文献

[1] 刘娟. 长叶竹柏化学成分的研究 [D]. 昆明：云南师范大学, 2016.

[2] 齐代华. 长叶竹柏 (*Podocarpus fleuryi* Hickel) 幼苗对低温胁迫的生理生态响应 [D]. 重庆：西南师范大学, 2002.

[3] 中国科学院中国植物志编辑委员会. 中国植物志·第七卷 [M]. 北京：科学出版社, 1978.

沉水樟 *Camphora micrantha* (Hayata) Y. Yang, Bing Liu & Zhi Yang

樟科 Lauraceae | 樟属 *Camphora*

别名：臭樟，牛樟，水樟

形态特征

乔木，高可达 30 m，胸径可达 0.7 m。叶互生，常生于幼枝上部，长圆形、椭圆形或卵状椭圆形，长 7.5~9.5（10）cm，宽 4~5（6）cm，先端短渐尖，基部宽楔形至近圆形，坚纸质或近革质，叶缘呈软骨质而内卷，干时上面黄绿色，下面黄褐色，羽状脉，侧脉每边 4~5 条，弧曲上升，在叶缘之内网结，与中脉两面明显，侧脉脉腋在上面隆起下面具小腺窝，窝穴中有微柔毛，细脉和小脉网结，两面呈蜂巢状小窝穴；叶柄长 2~3 cm。圆锥花序顶生及腋生，长 3~5 cm；花白色或紫红色，具香气，长约 2.5 mm；花被筒钟形，长约 1.2 mm，花被裂片 6，长卵圆形。果椭圆形，长 1.5~2.2 cm，直径 1.5~2 cm，鲜时淡绿色，具斑点，光亮；果托壶形。

花果期

花期 7~8（10）月，果期 10 月。

地理分布

广东：乐昌、乳源、连州、连山、连南、和平、连平、龙门、高要、信宜。

国内：广东、广西、福建、海南、贵州、江西、台湾。

国外：越南。

生态特性

生于山坡、山谷密林、路边、河旁水边，海拔 300~800 m。

木材特性

木材质地紧密，纹理细致，结构均匀，材质坚韧、耐湿抗腐防虫，有香气，是良好的船舶、桥梁、造纸、木雕及高档家具用材。

其他

珍贵阔叶树种，也是水源涵养和园林绿化的优良树种。目前已有资源分布、生物学特征、繁殖培育、开发利用、适生环境条件等方面的研究，已形成育苗技术体系，在优质种源筛选、遗传变异、育苗技术更新等方向也取得一定研究成果。

参考文献

[1] 陈碧华，张娟，范辉华. 沉水樟组织培养技术研究 [J]. 种子，2016 (2): 121-123.

[2] 冯丽贞，陈远征，马祥庆，等. 濒危植物沉水樟的扦插繁殖 [J]. 福建林学院学报，2007 (4): 333-336.

[3] 温素芸. 濒危植物沉水樟的扦插繁殖效果研究 [J]. 安徽农学通报，2018, 24(17): 103-106.

[4] 岳军伟，骆昱春，黄文超，等. 沉水樟种质资源及培育技术研究进展 [J]. 江西林业科技，2011 (3): 43-45.

[5] 中国科学院中国植物志编辑委员会. 中国植物志·第三十一卷 [M]. 北京：科学出版社，1982.

壳斗科 Fagaceae | 栎属 Quercus

Quercus gilva Blume

赤皮青冈

别名：红椆，赤皮椆

形态特征

常绿乔木，高达 30 m，胸径可达 1 m。树皮暗褐色。小枝密生灰黄色或黄褐色星状茸毛。叶片倒披针形或倒卵状长椭圆形，长 6~12 cm，宽 2~2.5 cm，顶端渐尖，基部楔形，叶缘中部以上有短芒状锯齿，侧脉每边 11~18 条，叶背被灰黄色星状短茸毛；叶柄长 1~1.5 cm，有微柔毛；托叶窄披针形，长约 5 mm，被黄褐色茸毛。雌花序长约 1 cm，通常有花 2 朵，花序及苞片密被灰黄色茸毛。壳斗碗形，包着坚果约 1/4，直径 1.1~1.5 cm，高 6~8 mm，被灰黄色薄毛；小苞片合生成 6~7 条同心环带，环带全缘或具浅裂。坚果倒卵状椭圆形，直径 1~1.3 cm，高 1.5~2 cm。

花果期

花期 5 月，果期 10 月。

地理分布

广东：乳源、潮州。

国内：广东、浙江、安徽、福建、江西、湖南、贵州、云南、台湾。

国外：日本。

生态特性

生于海拔 300~1 500 m 的山地。

木材特性

边材黄褐色，心材暗红褐色，纹理直，质坚重，强韧有弹性，气干密度 0.85~0.91 g/cm³，为优良硬木之一，可制车轴、滑车、农具、油榨等。

其他

目前已有资源普查、保护生物学、良种栽培、家系选择、人工造林等研究。

参考文献

[1] 欧阳泽怡，欧阳硕龙，吴际友，等. 珍贵用材树种赤皮青冈研究进展 [J]. 湖南林业科技，2021, 48(6): 74-79.

[2] 秦之旷. 赤皮青冈种质资源表型性状与优树选择研究 [D]. 长沙：中南林业科技大学，2023.

[3] 谭子幼，向显金. 赤皮青冈栽培技术 [J]. 林业与生态，2023 (9): 40-41.

[4] 中国科学院中国植物志编辑委员会. 中国植物志·第二十二卷 [M]. 北京：科学出版社，1998.

臭椿

Ailanthus altissima (Mill.) Swingle

苦木科 Simaroubaceae | 臭椿属 *Ailanthus*

别名：樗，皮黑樗，黑皮樗

形态特征

落叶乔木，高可达 20 余米，胸径可达 1 m 以上。树皮平滑而有直纹。嫩枝有髓。奇数羽状复叶，长 40~60 cm，叶柄长 7~13 cm，有小叶 13~27；小叶对生或近对生，纸质，卵状披针形，长 7~13 cm，宽 2.5~4 cm，先端长渐尖，基部偏斜，截形或稍圆，两侧各具 1 或 2 个粗锯齿，齿背有腺体 1 个，叶面深绿色，背面灰绿色，柔碎后具臭味。圆锥花序长 10~30 cm；花淡绿色，花梗长 1~2.5 mm；萼片 5，覆瓦状排列；花瓣 5，基部两侧被硬粗毛；雄蕊 10，花丝基部密被硬粗毛；心皮 5，柱头 5 裂。翅果长椭圆形，长 3~4.5 cm，宽 1~1.2 cm。

花果期

花期 4~5 月，果期 8~10 月。

地理分布

广东：广州、乐昌等。

国内：广东、广西、北京、天津、河北、山西、辽宁、江苏、浙江、安徽、福建、江西、山东、河南、湖北、湖南、重庆、四川、贵州、云南、陕西、甘肃、宁夏、新疆。

国外：澳大利亚、新西兰、瑞士、美国。

生态特性

生于山地密林或疏林中。

木材特性

木材黄白色，材质坚韧、纹理直，具光泽，易加工，是建筑、桥梁、家具、农具车辆制作的优良用材，因其木纤维长，也是造纸的优质原料。

其他

抗逆性强，是绿化与生态防护兼用的速生用材树种，具有较高的经济、生态和观赏价值。研究包括资源开发利用、生理特性、繁育等。

参考文献

[1] 刘致远，程艳琴. 臭椿无性繁殖及优良无性系选择试验研究初报 [J]. 绿色科技，2022, 24(17): 74-78.

[2] 张蔓蔓，郑聪慧，刘春鹏，等. 臭椿的研究进展与展望 [J]. 河北林业科技，2021 (2): 49-53.

[3] 中国科学院中国植物志编辑委员会. 中国植物志·第四十三卷（第三分册）[M]. 北京：科学出版社，1997.

大叶南洋杉

南洋杉科 Araucariaceae | 南洋杉属 *Araucaria* | *Araucaria bidwillii* Hook.

别名：澳洲南洋杉，洋刺杉

形态特征

常绿乔木，高达 50 m，胸径可达 1 m。枝条轮生或近轮生。叶螺旋状排列，鳞形、钻形、针状镰形、披针形或卵状三角形。雌雄异株，稀同株；雄球花圆柱形，单生或簇生叶腋，或生枝顶；雌球花椭圆形或近球形，单生枝顶，有多数螺旋状着生的苞鳞，苞鳞先端常具三角状或尾状尖头。球果直立，椭圆形或近球形，2~3 年成熟。

花果期

花期 3 月，果期第 3 年秋后。

地理分布

广东：广州、深圳、珠海栽培。
国内：广东、海南、福建栽培。
国外：澳大利亚。

生态特性

幼苗耐阴，忌烈日曝晒，以土层深厚、肥沃、湿润的中性至微酸性砂质壤土最为适宜。

木材特性

木材乳白色，纹理直，容易加工，用于胶合板生产、室内装饰、模具制作等。

其他

目前研究包含生态效益、遗传特性、物种保护、化学成分、形态学和开发利用等方面。近年来，主要研究集中在开发利用：食用方面，其果实和种子富含有益人体的微量元素，在开发新型食物方面具有巨大潜力；绿化方面，其表现出了优良的抗风能力，为沿海城市的绿化提供了新的植物素材。

参考文献

[1] 黄儒珠，檀东飞，张建清，等. 3 种南洋杉科植物叶挥发油的化学成分 [J]. 林业科学, 2008, 44(12) :99-104.

[2] 梁育勤. 大叶南洋杉种子营养价值的研究 [J]. 种子, 2017, 36(2): 77-78+82.

[3] 梁育勤，黄小萍，陈佳纬. 厦门 4 种南洋杉科植物的抗风性比较 [J]. 福建林业科技, 2017, 44(3): 139-142+147.

[4] 张宇坤. 福州城市主要公园中保健树种群落构建现状及建议 [J]. 林业勘察设计, 2012 (1): 53-56.

[5] 中国科学院中国植物志编辑委员会. 中国植物志·第七卷 [M]. 北京：科学出版社, 1978.

[6] Pye M G, Paul A G. Genetic diversity, differentiation and conservation in *Araucaria bidwillii* (Araucariaceae), Australia's Bunya pine[J]. Conservation Genetics, 2004, 5(5): 619-629.

大叶青冈

Quercus jenseniana Hand.-Mazz.

壳斗科 Fagaceae | 栎属 *Quercus*

别名：大叶稠

形态特征

常绿乔木，高达 35 m，胸径可达 1 m。叶片革质，长椭圆形，长 17~25 cm，宽 5~13 cm，顶端渐尖，基部楔形，全缘，侧脉每边 18~24 条；叶柄长 3~5 cm。果序长 5~10 cm。壳斗杯形，包着坚果约 1/3，直径约 1.2 cm，高约 1 cm，壁薄，微被灰棕色短茸毛；小苞片合生成 8~9 条同心环带。坚果卵状圆锥形，直径约 8 mm，高约 2 cm，顶端削尖，被灰黄色短茸毛。

花果期

花期 4~6 月，果期翌年 10~11 月。

地理分布

广东：乐昌、乳源、连山、曲江、英德、阳山、新丰。

国内：广东、广西、浙江、江西、福建、湖北、湖南、贵州、云南。

生态特性

生于海拔 300~1 300 m 的杂木林中。

木材特性

木材带灰色，纹理直，结构细致，坚重有弹性，耐冲击，气干比重为 0.78~0.81，可作枕木、矿柱、篱柱、电杆、横档、木桩、桥梁、房梁及柱子、胶合板等用，板材是船舶、车辆、机械、乐器柄、运动器械、垫板、农具柄、工具柄、刨架、流体木桶等的优良材料。木材具有耐磨损、油漆性能好并且径切面花纹美丽、硬度大等特点，适用于木地板、家具、走廊扶手、仪器箱盒等。

其他

目前相关研究较少。

参考文献

[1] 王立冬, 陈艳艳, 汤行昊, 等. 3 种珍贵树种幼苗光合特性及日进程研究 [J]. 山地农业生物学报, 2022 (4): 41.

[2] 中国科学院中国植物志编辑委员会. 中国植物志·第二十二卷 [M]. 北京：科学出版社, 1998.

[3] Xie T, Xie B X. Study on Paste Properties of *Cyclobalanopsis* Starch [J]. Food and Fermentation Industries, 2003: 54−57.

棟科 Meliaceae | 桃花心木属 *Swietenia* | *Swietenia macrophylla* King

大叶桃花心木

别名：美洲红木，美洲桃花心木

形态特征

半常绿乔木，高达 40~50 m，胸径可达 1 m。1 年生枝赤褐色。偶数羽状复叶；小叶 3~7 对，长椭圆状披针形至斜卵形，长 6~21 cm，宽 4~6 cm，先端尾尖，基部歪斜，侧脉 9~14 对。圆锥花序腋生；花白色，花瓣倒披针形。蒴果卵形，木质，长 11~16 cm，径 7~8 cm，5 裂。

花果期

花期 3~4 月，果期翌年 3~4 月。

地理分布

广东：珠三角地区栽培。

国内：广东、广西、海南、香港、福建、台湾、云南栽培。

国外：墨西哥、洪都拉斯、哥伦比亚、委内瑞拉、秘鲁等。

生态特性

生于海拔 600 m 以下温暖湿润处，多见于河流两岸深厚肥沃的冲积土上的常绿混交林中。

木材特性

心材大，红褐色，纹理细致，紧密，硬度适中，收缩性小，易于加工，切面花纹美丽，供高级家具、建筑、室内装饰、箱板、贴面板和细木工等用。

其他

世界名贵的商品红木，也是我国热带、南亚热带有发展前途的造林树种。目前对其研究涵盖了以下领域：生物学特性、抗逆性、苗木繁育、生长速度、立地条件探究、病虫害预防、化学成分分析、药用作用与机理等。

参考文献

[1] 房亦文，温伟文. 大叶桃花心木的育苗与造林技术 [J]. 农技服务，2007 (6): 102.

[2] 柯欢，丁岳炼，陈杰，等. 珍贵树种大叶桃花心木研究进展 [J]. 防护林科技，2022 (2): 52-54.

[3] 吴红英，何贵整，吕月保，等. 大叶桃花心木容器育苗试验 [J]. 现代农业科技，2018 (3): 152+154.

[4] 张筑宏，吴文杰，吴岳捷，等. 大叶桃花心木花粉精油的杀虫及抑菌活性 [J]. 热带生物学报，2021, 12(3): 380-384.

[5] 中国科学院中国植物志编辑委员会. 中国植物志·第四十三卷（第三分册）[M]. 北京：科学出版社，1997.

大叶相思

Acacia auriculiformis A. Cunn. ex Benth   豆科 Fabaceae | 相思树属 *Acacia*

别名：耳叶相思，澳洲相思

形态特征

常绿乔木，高达 30 m，胸径可达 0.6 m。树皮平滑，灰白色。叶状柄镰状长圆形，长 10~20 cm，宽 1.5~4（6）cm，两端渐狭，比较显著的主脉有 3~7 条。穗状花序长 3.5~8 cm，1 至数枝簇生于叶腋或枝顶；花橙黄色；花萼长 0.5~1 mm，顶端浅齿裂；花瓣长圆形，长 1.5~2 mm；花丝长 2.5~4 mm。荚果成熟时旋卷，长 5~8 cm，宽 8~12 mm，果瓣木质，每一果内有种子约 12 粒。

花果期

花期 8~9 月，果期翌年 3~4 月。

地理分布

广东：南部栽培。

国内：广东、广西、海南、香港、福建栽培。

国外：澳大利亚、新西兰。

生态特性

宜生于丘陵和滨海风积沙地。

木材特性

木材纹理直，结构细密，强度大，耐腐性好，可制作农具和家具。木材燃烧值为每千克 4 800~4 900 kcal，且燃烧时烟少，无不良气味，是优良的薪炭材树种。木材纤维平均长度为 0.845 mm，宽度为 0.018 mm，可生产出强度较高的优质纸。

其他

具有耐旱、耐贫瘠、速生、适应性强、可固氮、生物量高等特点，是热带造林的重要树种，具有广泛的应用前景。近年来主要集中于其造林的应用研究，包括繁殖技术、栽培技术、林分环境变化影响以及林分生态效益等方面。

参考文献

[1] 冯慧芳,刘落鱼,薛立.氮磷添加及林分密度对大叶相思林土壤化学性质的影响[J].植物生态学报,2019, 43(11): 1010-1020.

[2] 黄斌龙.直干型大叶相思胸径性状的生长规律研究[J].乡村科技, 2022, 13(21): 117-119.

[3] 纪德彬.大叶相思林对侵蚀劣地的治理优势与效益分析[J].绿色科技, 2019 (13): 178-179.

[4] 李晓东.安溪县官桥镇砂质地引种大叶相思栽培技术探讨[J].南方农业, 2022, 16(19): 44-46.

[5] 李伟雄,廖焕琴.3种热带相思树种木材物理力学及纤维特征研究[J].林业与环境科学, 2023, 39(6):89-97.

[6] 李泽瑞,王鸿,陈玉军,等.大叶相思瓶内扦插生根研究[J].林业与环境科学, 2023, 39(5): 46-51.

[7] 曾建雄.大叶相思扦插繁殖技术研究[J].中国林副特产, 2022 (6): 25-26.

[8] 中国科学院中国植物志编辑委员会.中国植物志·第三十九卷[M].北京:科学出版社, 1988.

吊皮锥

Castanopsis kawakamii Hayata

壳斗科 Fagaceae | 锥属 *Castanopsis*

别名：赤栲，青钩栲

形态特征

乔木，高达 28 m，胸径可达 0.8 m。树皮纵向带浅裂，老树皮脱落前长条如蓑衣状吊在树干上。新生小枝暗红褐色，散生颜色苍暗的皮孔。嫩叶与新生小枝近于同色，成长叶革质，卵形或披针形，长 6~12 cm，宽 2~5 cm；叶柄长 1~2.5 cm。雄花序多为圆锥花序，花序轴被疏短毛，雄蕊 10~12 枚；雌花序长 5~10 cm。果序短，壳斗有坚果 1 个，圆球形，连刺横径 60~80 mm，刺长 20~30 mm，合生至中部或中部稍下成放射状多分枝的刺束，壳斗内壁密被灰黄色长茸毛；坚果扁圆形，高 12~15 mm，横径 17~20 mm，密被黄棕色伏毛。

花果期

花期 3~4 月，果期翌年 8~10 月。

地理分布

广东：乳源、曲江、连州、英德、连平、新丰、从化、龙门、和平、梅州、平远、大埔、蕉岭、揭西、饶平、惠东、高要、德庆、新兴、封开、阳春等。

国内：广东、台湾、福建、江西。

生态特性

生于海拔约 1 000 m 以下的山地疏或密林中，有时成小片纯林，常为常绿阔叶林的上层树种。

木材特性

木材是环孔材,木质部仅有细木射线,年轮分明,心材大,深红色,湿水后更鲜红,质坚重,比重0.89,有弹性,密致,自然干燥不收缩,少爆裂,易加工,是优质的家具及建筑用材。

其 他

具有树干高大、树形优美、材质优良、适应性强且生长较快等特点。目前研究主要集中于其苗期管理、天然林和人工林结构分布规律、吊皮锥与针叶混交林和纯林的碳储量研究、群落特征以及育苗技术等方面。

参考文献

[1] 洪文君,曾思金,马定文,等.广东莲花山白盆珠自然保护区吊皮锥群落特征[J].林业与环境科学,2016, 32(1): 10-16.

[2] 吴宏杨.吊皮锥人工林碳储量的研究[J].园艺与种苗,2021, 41(3): 54-57.

[3] 中国科学院中国植物志编辑委员会.中国植物志·第二十二卷[M].北京:科学出版社,1998.

饭甑青冈 *Quercus fleuryi* Hickel et A. Camus

壳斗科 Fagaceae | 栎属 *Quercus*

别名：饭甑树，饭甑椆，甑栎

形态特征

常绿乔木，高达 25 m，胸径可达 1 m。树皮灰白色。小枝粗壮，幼时被棕色长茸毛，后渐无毛，密生皮孔。叶片革质，长椭圆形或卵状长椭圆形，长 14~27 cm，宽 4~9 cm，顶端急尖或短渐尖，基部楔形，全缘或顶端有波状锯齿，叶背粉白色，中脉在叶面微凸起，侧脉每边 10~12（15）条；叶柄长 2~6 cm，幼时被黄棕色茸毛。雄花序长 10~15 cm，全体被褐色茸毛；雌花序长 2.5~3.5 cm，生于小枝上部叶腋，着生花 4~5 朵。壳斗钟形或近圆筒形，包着坚果约 2/3，口径 2.5~4 cm，高 3~4 cm，壁厚达 6 mm，内外壁被黄棕色毡状长茸毛；小苞片合生成 10~13 条同心环带，环带近全缘。坚果柱状长椭圆形，直径 2~3 cm，高 3~4.5 cm，密被黄棕色茸毛。

花果期

花期 3~4 月，果期 10~12 月。

地理分布

广东：韶关、东莞、东源、封开、佛冈、广州、怀集、惠东、江门、乐昌、连南、连山、龙门、茂名、饶平、仁化、乳源、深圳、始兴、台山、翁源、五华、新丰、信宜、阳春、阳江、阳山、英德、增城、肇庆、紫金。

国内：广东、广西、海南、江西、福建、贵州、云南。

国外：越南。

生态特性

生于海拔 500~1 500 m 的山地密林中。

木材特征

心材红褐色，耐腐，适作造船、车辆、木梭、农机、工具柄、秤杆、滑轮、刨架、凿柄、琴杆、运动器材等用材。

其他

在我国广泛分布，是南方森林中重要组成树种。目前对其化学成分及其生物活性已有较为深入且全面的研究。在育种方面，仅有对种子采集、储藏和营养杯播种育苗技术的初步研究。

参考文献

[1] 端木. 我国青冈属资源的综合利用 [J]. 北京林业大学学报, 1995 (2): 109-110.

[2] 戴天歌. 饭甑青冈叶化学成分及抗氧化活性研究 [D]. 桂林：桂林医学院, 2020.

[3] 郭赋英, 刘蕾, 钟声祥, 等. 饭甑青冈营养杯育苗技术 [J]. 南方林业科学, 2017, 45(6): 52-53.

[4] 中国科学院中国植物志编辑委员会. 中国植物志·第二十二卷 [M]. 北京：科学出版社, 1998.

方榄

Canarium bengalense Roxb.

橄榄科 Burseracea | 橄榄属 *Canarium*

别名：三角榄

形态特征

乔木，高 15~25 m，胸径可达 0.75~1.2 m。小枝粗 1~1.5 cm，有皮孔；髓部厚，周围有封闭的柱状木质部束。小叶 5~6（10）对，长圆形至倒卵状披针形，长 10~20 cm，宽 4.5~6 cm，坚纸质，叶背面被柔毛，脉上被平展的硬毛及柔毛，有时几无毛；顶端骤狭渐尖，尖头长 1~1.5 cm；基部圆形，偏斜，常一侧下延；边缘波状或全缘；侧脉 18~20（25）对。雄花序为狭的聚伞圆锥花序，长 30~40 cm；花长约 7 mm。果绿色，纺锤形具 3 凸肋，或倒卵形具 3~4 凸肋。

花果期

花期 5~7 月，果期 7~10 月。

地理分布

广东：广州、肇庆栽培。

国内：广东、广西、云南栽培。

国外：孟加拉国、印度、缅甸、泰国、老挝。

生态特性

生长在海拔 400~1300 m 的杂木林中。

木材特性

木材纹理细致，色泽淡黄，木材加工性能良好，力学性状优良，适用于建筑、船侧板、车厢、枕木、包装箱盒、家具、农具、胶合板等。

其他

果可食用，种子油可制成肥皂或者润滑油，从茎皮提取的活性成分有抗癌价值。目前已有化学成分及其药理学方面的研究。

参考文献

[1] 杜玉虹. 方榄 Canarium bengalense Roxb. 抗癌活性成分的研究 [D]. 沈阳：沈阳药科大学，2004.

[2] 中国科学院中国植物志编辑委员会. 中国植物志·第四十三卷（第三分册）[M]. 北京：科学出版社，1997.

非洲楝

Khaya senegalensis (Desr.) A. Juss.

楝科 Meliaceae | 非洲楝属 *Khaya*

别名：塞内加尔楝，非洲桃花心木，仙加树

形态特征

乔木，高达 20 m，胸径可达 1 m。树皮呈鳞片状开裂。幼枝具暗褐色皮孔。叶互生，叶轴和叶柄圆柱形，长 15~60 cm 或更长；小叶 6~16 对，近对生或互生，顶端 2 对小叶对生，长圆形或长圆状椭圆形，下部小叶卵形，长 7~17 cm，宽 3~6 cm。圆锥花序顶生或腋生；花瓣 4，分离，椭圆形或长圆形，长约 3 mm；雄蕊管坛状。蒴果球形，成熟时自顶端室轴开裂。种子椭圆形至近圆形，边缘具膜质翅。

花果期

花期 4~6 月，果期翌年 4~6 月。

地理分布

广东：珠三角地区栽培。

国内：广东、广西、海南、香港、云南、福建、台湾栽培。

国外：非洲热带地区和马达加斯加。

生态特性

适生于温暖至高温湿润气候，抗风较强，不耐干旱和寒冷，抗大气污染，以土层深厚、肥沃和排水良好土壤为宜。

木材特性

木材结构细，具光泽，纹理交错、坚韧细致，强度较高，耐腐，气干密度 0.80~0.86，可制高级家具、室内装饰、建筑、造船、车辆等。

其他

目前研究多集中于资源保护、遗传改良及人工林培育及利用等方面，近年来逐渐趋向遗传多样性研究、抗寒、生物学特性等。

参考文献

[1] 蔡坚，赵奋成，张应中，等. 非洲桃花心木国内外研究现状与发展建议 [J]. 广东林业科技，2008, 24(5): 74-80.

[2] 李义良，赵奋成，胡燕菲，等. 非洲桃花心木不同地理群体遗传多样性分析 [J]. 北京林业大学学报，2014, 36(5): 82-86.

[3] 吴惠姗，赵奋成，蔡坚，等. 不同种源非洲桃花心木苗期抗寒能力和生长节律研究 [J]. 广东林业科技，2011, 27(2): 1-6.

[4] 赵奋成，蔡坚，李义良，等. 非洲桃花心木种源试验及优良个体选择研究 [J]. 广东林业科技，2012, 28(6): 1-7.

[5] 郑静. 桃花心木扦插快繁试验 [J]. 四川林业科技，2022, 43(3): 104-107.

[6] 中国科学院中国植物志编辑委员会. 中国植物志·第四十三卷（第三分册）[M]. 北京：科学出版社，1997.

榧

Torreya grandis Fort. ex Lindl.

红豆杉科 Taxaceae | 榧属 *Torreya*

别名：香榧，小果榧，凹叶榧

形态特征

乔木，高达 25 m，胸径可达 0.55 m。树皮浅黄灰色、深灰色或灰褐色，不规则纵裂。1 年生枝绿色，2~3 年生枝黄绿色、淡褐黄色或暗绿黄色，稀淡褐色。叶条形，列成两列，长 1.1~2.5 cm，宽 2.5~3.5 mm，先端凸尖，气孔带常与中脉带等宽，绿色边带与气孔带等宽或稍宽。雄球花圆柱状，长约 8 mm，基部的苞片有明显的背脊，雄蕊多数，各有 4 个花药，药隔先端宽圆有缺齿。种子椭圆形、卵圆形、倒卵圆形或长椭圆形，长 2~4.5 cm，直径 1.5~2.5 cm，熟时假种皮淡紫褐色，有白粉，顶端微凸，基部具宿存的苞片。

花果期

花期 4 月，果期翌年 10 月。

地理分布

广东：乳源。

国内：广东、广西、辽宁、上海、江苏、浙江、安徽、福建、江西、山东、河南、湖北、湖南、重庆、四川、贵州、云南、西藏、陕西。

生态特性

生于海拔 1 400 m 以下，温暖多雨，黄壤、红壤、黄褐土地区。

木材特性

边材白色，心材黄色，纹理直，结构细，硬度适中，有弹性，有香气，不反挠，不开裂，耐水湿，比重 0.56，为建筑、造船、家具等的优良木材。

其他

多用途树种，在种子油脂分析、假种皮结构、群体遗传多样性、园林应用、种质资源分布、良种的栽培繁殖、化学成分的应用等方面都有较多研究。

参考文献

[1] 刘志敏. 香榧雌配子体的发育过程和败育研究 [D]. 杭州：浙江农林大学，2016.

[2] 魏溪杏，胡渊渊，朱光夏，等. 不同脱蒲时间对香榧种仁特征性香气和营养成分的影响 [J]. 南京林业大学学报 (自然科学版)，2024, 48(2):51-60.

[3] 杨光，李建钦，董川，等. 绍兴香榧林碳汇潜力及经济价值研究 [J]. 绿色科技，2023, 25(7): 272-275+280.

[4] 张伯森. 香榧高产栽培技术要点 [J]. 特种经济动植物，2023, 26(7): 153-155.

[5] 中国科学院中国植物志编辑委员会. 中国植物志·第七卷 [M]. 北京：科学出版社，1978.

枫香树

Liquidambar formosana Hance

蕈树科 Altingiaceae | 枫香树属 *Liquidambar*

别名：路路通，山枫香树

形态特征

落叶乔木，高达 30 m，胸径最大可达 1 m。树皮灰褐色，方块状剥落。叶薄革质，阔卵形，掌状 3 裂，中央裂片较长，先端尾状渐尖；两侧裂片平展；基部心形；掌状脉 3~5 条，在上下两面均显著；边缘有锯齿，齿尖有腺状突；叶柄长达 11 cm，常有短柔毛；托叶线形，长 1~1.4 cm，红褐色，被毛，早落。雄性短穗状花序常多个排成总状，雄蕊多数。雌性头状花序有花 24~43 朵，花序柄长 3~6 cm。头状果序圆球形，木质，直径 3~4 cm；蒴果下半部藏于花序轴内，有宿存花柱及针刺状萼齿。种子多数，褐色，多角形或有窄翅。

花果期

花期 3~4 月，果期 10 月。

地理分布

广东：大部分地区。

国内：广东、海南、福建、浙江、贵州、江苏、江西、湖北、台湾、安徽、四川、云南、西藏、河南、山东。

国外：越南、老挝、朝鲜。

生态特性

多生于平地、村落附近及低山的次生林。

木材特性

木材纹理通直，细密，色泽鲜艳，抗压，耐腐，防虫，是建筑、器具、木装箱的良好用材。

其他

亚热带地区的优良速生阔叶树种，具有广布、速生、彩叶、抗逆等特点，具观赏、用材、药用和工业等发展潜力。近年来主要集中于其幼苗育种与栽培造林、叶色变化机理、叶片的化学成分及药理活性、地理变异规律、遗传多样性、观赏价值评价等方面的研究较多。

参考文献

[1] 黄敏. 枫香 (*Liquidambar formosana* Hance) 遗传多样性与叶色变化机理研究 [D]. 福州：福建农林大学，2022.

[2] 赖开龙, 晏国生, 刘海新. 多用途乡土树种枫香的培育关键技术 [J]. 园艺与种苗, 2022, 42(12): 35-36+61.

[3] 徐美贞, 徐梁, 杨少宗, 等. 枫香树叶片变色的物质基础及其地理变异规律 [J]. 浙江林业科技, 2023, 43(4): 1-9.

[4] 杨正印. 盐碱胁迫对枫香树幼苗生长与生理特性的影响 [J]. 乡村科技, 2024, 15(4): 121-123.

[5] 张茜. 三种植物生长调节剂对枫香幼苗生长和生理特性的影响 [D]. 南宁：广西大学, 2022.

[6] 张小健. 浅析枫香栽培造林技术 [J]. 特种经济动植物, 2022, 25(8): 138-140.

[7] 中国科学院中国植物志编辑委员会 [J]. 中国植物志·第三十五卷 [M]. 北京：科学出版社, 1979.

[8] 周文武. 枫香树叶化学成分研究 [D]. 昆明：云南大学, 2021.

福建柏

Chamaecyparis hodginsii (Dunn) Rushforth　　柏科 Cupressaceae　｜　扁柏属 *Chamaecyparis*

别名：广柏，建柏

形态特征

乔木，高达 17 m，胸径可达 1.5 m。鳞叶 2 对交叉对生，生于幼树或萌芽枝上的中央之叶呈楔状倒披针形，通常长 4~7 mm，宽 1~1.2 mm，上面之叶蓝绿色，下面之叶中脉隆起，两侧具凹陷的白色气孔带，侧面之叶对折，近长椭圆形，多少斜展，较中央之叶为长，通常长 5~10 mm，宽 2~3 mm，背有棱脊，先端渐尖或微急尖，通常直而斜展，稀微向内曲，背侧面具一凹陷的白色气孔带。雄球花近球形，长约 4 mm。球果近球形，熟时褐色，径 2~2.5 cm。种子顶端尖，具 3~4 棱，长约 4 mm，上部有两个大小不等的翅。

花果期

花期 3~4 月，果期翌年 10~11 月。

地理分布

广东：乐昌、乳源、连山、连州、阳山、新丰、阳春。

国内：广东、广西、福建、浙江、贵州、江西、湖南、云南、四川。

国外：越南。

生态特性

生于海拔 100~1 800 m 温暖湿润的山地森林。

木材特性

边材淡红褐色，心材深褐色，纹理细致匀直，质略软，耐腐蚀，有香气，易加工，胶黏性良好，易于干燥，干后材质稳定，耐久用，可作高档家具、装饰面板、地板条、造纸、胶合板及建筑等用材。

其他

树干通直、生长快，是优良的园林绿化和造林树种。目前在化学成分、栽培技术、遗传多样性、优良种质、人工林经营及家系育苗、人工林间伐强度、铝胁迫等方面已有相关研究。

参考文献

[1] 陈美璇, 黄霞, 李秉钧, 等. 不同种源福建柏叶精油得率及成分分析 [J]. 林产化学与工业, 2023, 43(6): 34-42.

[2] 邓蜜, 李秉钧, 潘雁梅, 等. 不同养分斑块对福建柏家系光合特性及生理特征的影响 [J]. 森林与环境学报, 2023, 43(6): 622-633.

[3] 李秉钧, 陈乾, 王希贤, 等. 不同林龄福建柏纯林与混交林生长及养分的差异 [J]. 西北植物学报, 2022, 42(4): 694-704.

[4] 李秉钧, 邓蜜, 潘雁梅, 等. 异质养分环境下不同家系福建柏光合特性及酶活性的差异 [J]. 西北农林科技大学学报(自然科学版), 2024, 52(7): 29-41.

[5] 刘凯, 韩永振, 王希贤, 等. 不同种源福建柏生长性状的差异与评价 [J]. 中南林业科技大学学报, 2023, 43(3): 62-72.

[6] 中国科学院中国植物志编辑委员会. 中国植物志·第七卷 [M]. 北京: 科学出版社, 1978.

[7] 周成城, 余江洪, 陈凌艳, 等. 福建柏组织培养体系的建立及优化 [J]. 西北农林科技大学学报(自然科学版), 2020, 48(11): 42-53+62.

福建青冈
Quercus chungii F. P. Metcalf

壳斗科 Fagaceae | 栎属 *Quercus*

形态特征
常绿乔木，高达 15 m，胸径可达 1 m。叶片薄革质，椭圆形，长 6~10（12）cm，宽 1.5~4 cm，顶端突尖或短尾状，基部宽楔形或近圆形，叶缘顶端有数对不明显浅锯齿，稀全缘，中脉、侧脉在叶面均平坦，在叶背显著凸起，侧脉每边 10~15 条，叶密生灰褐色星状短茸毛，星状毛 8~10 分叉；叶柄长（0.5）1~2 cm，被灰褐色短茸毛。雌花序长 1.5~2 cm，有花 2~6 朵，花序轴及苞片均密被褐色茸毛。果序长 1.5~3 cm。壳斗盘形，包着坚果基部，直径 1.5~2.3 cm，高 5~8 cm，被灰褐色茸毛；小苞片合生成 6~7 条同心环带，除下部 2 环具裂齿外均全缘。坚果扁球形，直径约 1.4~1.7 cm，高约 1.5 cm。

花果期
花期 3~4 月，果期 10 月。

地理分布
广东：连州、仁化、龙川、梅州、蕉岭、平远、博罗、封开、郁南。

国内：广东、广西、江西、福建、湖南。

生态特性
生于海拔 200~800 m 的背阴山坡、山谷疏或密林中。本种在广东通常生长在山谷土壤湿润的密林中，在其他省份有时生长在石山上，与青冈、化香树组成常绿落叶混交林。

木材特性
木材红褐色，心边材区别不明显，材质坚实，硬重，耐腐，供造船、建筑、桥梁、枕木、车辆等用。

其他

经济价值较高,是我国特有的珍贵用材树种。目前已在种群结构、遗传特征、群落结构、物种分布格局、育苗技术等方面进行了详细研究。

参考文献

[1] 赖华燕,王友凤,吴凯,等.外源激素对福建青冈种子易萌性和抗氧化酶活性的影响[J].生态学杂志,2017,36(2):382-388.

[2] 赖士淦,巫智斌,陈剑勇,等.福建青冈组织培养过程中的外植体褐变机理与调控技术[J].林业科技通讯,2023(8):75-78.

[3] 刘少彦,巫智斌.不同基质、植物激素和暗环境处理对福建青冈扦插生根的影响[J].林业科技通讯,2024(6):75-78.

[4] 中国科学院中国植物志编辑委员会.中国植物志·第二十二卷[M].北京:科学出版社,1998.

格木

Erythrophleum fordii Oliv.

豆科 Fabaceae | 格木属 *Erythrophleum*

别名：孤坟柴，斗登风

形态特征

乔木，常高达 10 m，有时可达 30 m，胸径可达 1.2 m。嫩枝和幼芽被铁锈色短柔毛。叶互生，二回羽状复叶；羽片通常 3 对，对生或近对生，长 20~30 cm，每羽片有小叶 8~12 片；小叶互生，卵形或卵状椭圆形，长 5~8 cm，宽 2.5~4 cm，先端渐尖，基部圆形，两侧不对称，边全缘；小叶柄长 2.5~3 mm。由穗状花序所排成的圆锥花序长 15~20 cm；总花梗上被铁锈色柔毛；萼钟状，外面被疏柔毛，裂片长圆形，边缘密被柔毛；花瓣 5，淡黄绿色，倒披针形，内面和边缘密被柔毛；雄蕊 10 枚，长为花瓣的 2 倍。荚果长圆形，扁平，长 10~18 cm，宽 3.5~4 cm，厚革质。种子长圆形，稍扁平，长 2~2.5 cm，宽 1.5~2 cm，种皮黑褐色。

花果期

花期 5~6 月，果期 8~10 月。

地理分布

广东：广州、博罗、紫金、肇庆、高要、怀集、封开、郁南、云浮、信宜。

国内：广东、广西、海南、云南、福建、台湾、浙江。

国外：越南、印度。

生态特性

常生于南亚热带至北热带的湿润型气候区山地密林或疏林中。

木材特性

心材与边材区分明显，边材黄褐色稍暗，心材褐黑色，有光泽，纹理通直，结构细密坚实，干燥后收缩或变形小，耐腐耐湿，有"铁木"之称，用途广泛。

其他

国家珍贵用材树种之一，当前研究集中在育苗、造林、遗传多样性、濒危机制与群落分布等，木材性质、病虫害防治、种质资源收集保存、种群复壮方面的研究还有待深入。

参考文献

[1] 方夏峰, 方柏洲. 闽南格木木材物理力学性质的研究[J]. 福建林业科技, 2007, 34(2): 146-147.

[2] 林凡, 黄腾华, 刘俊. 格木干燥特性及其干燥基准初探[J]. 陕西林业科技, 2016(4): 57-61.

[3] 申文辉, 李志辉, 彭玉华, 等. 格木不同种源光合作用光响应分析研究[J]. 中南林业科技大学学报, 2014, 34(6): 13-18.

[4] 赵志刚, 郭俊杰, 沙二, 等. 我国格木的地理分布与种实表型变异[J]. 植物学报, 2009, 44(3): 338-344.

[5] 中国科学院中国植物志编辑委员会. 中国植物志·第三十九卷[M]. 北京: 科学出版社, 1998.

钩锥

Castanopsis tibetana Hance

壳斗科 Fagaceae | 锥属 *Castanopsis*

别名：大叶钩栗，大叶锥栗，楮栗

形态特征

乔木，高达 30 m，胸径可达 1.5 m。树皮灰褐色，粗糙。叶革质，卵状椭圆形、卵形、长椭圆形或倒卵状椭圆形，长 15~30 cm，宽 5~10 cm，顶部渐尖、短突尖或尾状，基部近于圆或短楔尖，叶缘至少在近顶部有锯齿状锐齿，侧脉每边 15~18 条，叶背红褐色（新生叶）、淡棕灰或银灰色（老叶）；叶柄长 1.5~3 cm。雄穗状花序或圆锥花序，雄蕊通常 10 枚，花被裂片内面被疏短毛；雌花序长 5~25 cm。壳斗有坚果 1 个，圆球形，连刺径 60~80 mm 或稍大，整齐的 4 瓣、很少 5 瓣开裂。坚果扁圆锥形，高 1.5~1.8 cm，横径 2~2.8 cm，被毛。

花果期

花期 4~5 月，果期翌年 8~10 月。

地理分布

广东：乐昌、乳源、始兴、连州、连山、连南、仁化、曲江、英德、阳山、翁源、新丰、博罗、龙门、和平、河源。

国内：广东、广西、福建、浙江、贵州、江西、湖南、湖北、云南、安徽。

生态特性

生于海拔 1 500 m 以下山地杂木林中较湿润地方或平地路旁和寺庙周围，有时成小片纯林。

木材特性

　　木材是环孔材，木质部仅有细木射线，心边材分明，心材红褐色，边材色较淡，年轮分明，材质坚重，耐水湿，适作坑木、梁、柱、建筑及家具用材，是长江以南较常见的主要用材树种。

参考文献

中国科学院中国植物志编辑委员会. 中国植物志·第二十二卷[M]. 北京：科学出版社，1998.

观光木

Michelia odora (Chun) Nooteboom & B. L. Chen   木兰科 Magnoliaceae | 含笑属 *Michelia*

别名：香花木，香木楠，宿轴木兰

形态特征

常绿乔木，高达 25 m，胸径可达 1~2 m。树皮淡灰褐色，具深皱纹。小枝、芽、叶柄、叶面中脉、叶背和花梗均被黄棕色糙伏毛。叶片倒卵状椭圆形，中上部较宽，长 8~17 cm，宽 3.5~7 cm，顶端急尖或钝，基部楔形，侧脉每边 10~12 条；叶柄长 1.2~2.5 cm，基部膨大，托叶痕达叶柄中部。花蕾的佛焰苞状苞片一侧开裂，被柔毛，花梗长约 6 mm，具一苞片脱落痕，芳香；花被片象牙黄色，有红色小斑点，狭倒卵状椭圆形，外轮的最大，长 17~20 mm，宽 6.5~7.5 mm；雄蕊 30~45 枚；雌蕊 9~13 枚。聚合果长椭圆体形，长达 13 cm，直径约 9 cm，垂悬于具皱纹的老枝上，外果皮榄绿色，有苍白色孔，干时深棕色，具显著的黄色斑点。

花果期

花期 3 月，果期 10~12 月。

地理分布

广东：乐昌、乳源、连州、连山、连南、南雄、始兴、仁化、英德、阳山、翁源、新丰、连平、和平、龙门、高要、阳春、茂名。

国内：广东、广西、香港、福建、江西。

生态特性

生于海拔 500~1 000 m 的山地常绿阔叶林中。

木材特性

树干挺直，散孔材，木材轻软，结构细致，纹理直，边材灰黄褐色，心材绿黄褐色，少开裂，易加工，适作家具、建筑、细工、乐器和胶合板等用材。

其他

我国古老的孑遗植物,对研究古代植物区系、古地理及古气候具有重要的科学价值。国内研究集中在繁育技术、生理生态特性等,其育苗和造林技术已趋于完善,但在良种选育、无性系繁殖、树种经营措施及木材材性等方面的系统研究较少。

参考文献

[1] 何长青. 观光木分子谱系地理学研究 [D]. 长沙:中南林业科技大学, 2015.

[2] 黄松殿, 覃静, 秦武明, 等. 珍稀树种观光木生物学特性及综合利用研究进展 [J]. 南方农业学报, 2011, 42(10): 1251–1254.

[3] 刘益鹏, 叶兴状, 叶利奇, 等. 观光木群落优势树种生态位和种间联结 [J]. 应用生态学报, 2022, 33(10): 2670–2678.

[4] 中国科学院中国植物志编辑委员会. 中国植物志·第三十卷(第一分册)[M]. 北京:科学出版社, 1996.

海红豆 *Adenanthera microsperma* Teijsmann & Binnendijk

豆科 Leguminosae | 海红豆属 *Adenanthera*

别名：孔雀豆，红豆

形态特征

落叶乔木，高达20余米，胸径可达0.6 m。嫩枝被微柔毛。二回羽状复叶；羽片3~5对，小叶4~7对，互生，长圆形或卵形，长2.5~3.5 cm，宽1.5~2.5 cm，两端圆钝，两面均被微柔毛，具短柄。总状花序单生于叶腋或在枝顶排成圆锥花序，被短柔毛；花白色或黄色，有香味，具短梗；花萼长不足1 mm，与花梗同被金黄色柔毛；花瓣披针形，长2.5~3 mm；雄蕊10枚，与花冠等长或稍长。荚果狭长圆形，长10~20 cm，宽1.2~1.4 cm，开裂后果瓣旋卷。种子近圆形至椭圆形，长5~8 mm，宽4.5~7 mm，鲜红色，有光泽。

花果期

花期4~7月，果期7~10月。

地理分布

广东：博罗、德庆、东莞、东源、封开、佛冈、高州、广州、海丰、惠东、江门、茂名、清远、仁化、深圳、新丰、信宜、徐闻、阳春、阳山、英德、郁南、云浮、增城、肇庆、中山、珠海。

国内：广东、广西、云南、贵州、福建、台湾。

国外：缅甸、柬埔寨、老挝、越南、马来西亚、印度尼西亚。

生态特性

多生于山沟、溪边、林中。

木材特性

木材密度中等，边材微红淡黄色，心材暗褐色或黄红色，耐腐性强，有光泽，可供制作高级家具、造船、枪托等用。

其他

种子美观，目前研究仅限于木材解剖构造比较分析。

参考文献

[1] 何海珊，邱坚. 海红豆属 2 种木材解剖构造比较分析[J]. 广西林业科学，2014，43(2): 207-210.

[2] 中国科学院中国植物志编辑委员会. 中国植物志·第三十九卷[M]. 北京：科学出版社，1988.

海南木莲

Manglietia fordiana var. *hainanensis* (Dandy) N. H. Xia

木兰科 Magnoliaceae | 木莲属 *Manglietia*

别名：绿兰，绿楠，龙楠树

形态特征

乔木，高达 20 m，胸径可达 0.45 m。树皮淡灰褐色。叶薄革质，倒卵形、狭倒卵形、狭椭圆状倒卵形，很少为狭椭圆形，长 10~16 (20) cm，宽 3~6 (7) cm，边缘波状起伏，先端急尖或渐尖，基部楔形，沿叶柄稍下延；叶柄细弱，长 3~4 (4.5) cm，基部稍膨大；托叶痕半圆形，长约 4 mm。花梗长 0.8~4 cm，径 0.4~0.7 cm；佛焰苞状苞片薄革质，阔圆形，长 4~5 cm，宽约 6 cm；花被片 9，每轮 3 片，外轮的薄革质，倒卵形，外面绿色，长 5~6 cm，宽 3.5~4 cm，顶端有浅缺，内 2 轮的纯白色，带肉质。聚合果褐色，卵圆形或椭圆状卵圆形，长 5~6 cm，成熟心皮露出面有点状凸起。种子红色。

花果期

花期 4~5 月，果期 9~10 月。

地理分布

广东：阳春。
国内：广东、海南。

生态特性

生于山地林中。

木材特性

木材木质轻软，强度大，心材黄绿色，具有芳香气味，木材纹理通直，结构细致均匀，耐腐，不虫蛀，不变形，容易加工，纵切面易刨光且具光泽，可作高级家具、室内装饰、文具乐器、车船内部装饰、胶合板等用材。

其他

叶和枝中含有特定的化学成分，如异黄酮、挥发油和生物碱，目前研究涵盖了化学成分、遗传多样性、基因组DNA提取、总生物碱含量、总多酚含量等。

参考文献

[1] 鲍长余, 范超君, 陈湛娟, 等. 海南木莲叶和枝总异黄酮的含量测定 [J]. 安徽农业科学, 2011, 39(25): 15270−15271,15274.

[2] 毕和平, 韩长日, 梁振益, 等. 海南木莲叶挥发油化学成分研究 [J]. 中国野生植物资源, 2006, 25(6): 3.

[3] 毕和平, 韩长日, 严凤华, 等. 海南木莲生药的TLC鉴定 [J]. 海南师范学院学报: 自然科学版, 2004, 17(3): 3.

[4] 毕和平, 李行璐, 刘炜, 等. 酸性染料比色法测定海南木莲中的总生物碱 [J]. 海南师范大学学报: 自然科学版, 2009 (2): 4.

[5] 魏小玲, 曹福祥, 陈建. 海南木莲遗传多样性的ISSR及亲缘关系的分析 [J]. 生物技术通报, 2013 (8): 4.

[6] 魏小玲. 海南木莲基因组DNA提取及ISSR反应体系的优化 [J]. 中南林业科技大学学报: 自然科学版, 2010 (5): 30.

[7] 闫浩, 刘朋军, 牟玉兰. 海南木莲总多酚含量检测 [J]. 农村科学实验, 2018 (12): 2.

[8] 中国科学院中国植物志编辑委员会. 中国植物志·第三十卷 [M]. 北京: 科学出版社, 1996.

合果木

Michelia baillonii (Pierre) Finet & Gagnepain

木兰科 Magnoliaceae | 含笑属 *Michelia*

别名：山桂花，合果含笑，山缅桂

形态特征

大乔木，高可达 35 m，胸径可达 1 m。嫩枝、叶柄、叶背，被淡褐色平伏长毛。叶椭圆形、卵状椭圆形或披针形，长 6~22（25）cm，宽 4~7 cm，先端渐尖，基部楔形、阔楔形，侧脉每边 9~15 条；叶柄长 1.5~3 cm，托叶痕为叶柄长的 1/3 或 1/2 以上。花芳香，黄色，花被片 18~21，6 片 1 轮，外 2 轮倒披针形，长 2.5~2.7 cm，宽约 0.5 cm，向内渐狭小，内轮披针形，长约 2 cm，宽约 2 mm。聚合果肉质，倒卵圆形，椭圆状圆柱形，长 6~10 cm，宽约 4 cm，成熟心皮完全合生，具圆点状凸起皮孔。

花果期

花期 3~5 月，果期 8~10 月。

地理分布

广东：珠三角地区栽培。
国内：广西、云南。
国外：印度、缅甸、泰国、越南。

生态特性

生于海拔 500~1 500 m 的山林中。

木材特性

木材心边材区别明显，边材呈黄白色，心材呈黄褐色，有光泽，材质坚硬，抗虫，耐腐力强，为制造高级家具、建筑物的上等木材。

其他

目前在其径向生长规律、苗期生长特性、引种试验、光合生理特性、化学成分及其分类学意义方面已有相关研究。

参考文献

[1] 贾浓铀. 探索发现珍稀的动植物 [M]. 天津：天津古籍出版社, 2010.

[2] 吴建勇. 云南玉溪园林绿化植物图鉴 [M]. 昆明：云南科技出版社, 2016.

[3] 中国科学院中国植物志编辑委员会. 中国植物志·第三十卷（第一分册）[M]. 北京：科学出版社, 1996.

楝科 Meliaceae | 香椿属 Toona

红椿
Toona ciliata Roem.

别名：毛红椿，红楝子

形态特征

大乔木，高可达20 m，胸径可达1 m。小枝有稀疏的苍白色皮孔。叶为偶数或奇数羽状复叶，长25~40 cm，通常有小叶7~8对；小叶对生或近对生，纸质，长圆状卵形或披针形，长8~15 cm，宽2.5~6 cm，先端尾状渐尖，基部一侧圆形，另一侧楔形，不等边，边全缘，侧脉每边12~18条；小叶柄长5~13 mm。圆锥花序顶生，约与叶等长或稍短；花长约5 mm，具短花梗，长1~2 mm；花萼短，5裂；花瓣5，白色，长圆形，长4~5 mm。蒴果长椭圆形，木质，干后紫褐色，有苍白色皮孔，长2~3.5 cm。种子两端具翅，翅扁平，膜质。

花果期

花期4~6月，果期10~12月。

地理分布

广东：乐昌、博罗、肇庆、茂名。

国内：广东、广西、海南、福建、江西、湖南、安徽、云南、四川、贵州。

国外：印度、越南、马来西亚、印度尼西亚。

生态特性

多生于低海拔沟谷林或山坡疏林中。

木材特性

木材赤褐色，纹理通直，质软，耐腐，适作建筑、车舟、茶箱、家具、雕刻等用材。

其他

珍贵速生用材树种，木材美观、坚韧、耐腐等优点使其作为"中国桃花心木"远销海外；树皮含单宁，可提制栲胶。目前国内外研究主要集中在化学病理、生理生化、引种和繁育方面。

参考文献

[1] 程琳，梁瑞龙，陈琴，等．珍贵树种红椿干形培育研究进展[J]．安徽农学通报，2023, 29(4): 72-76+84.

[2] 李培．红椿地理变异及遗传多样性研究[D]．北京：北京林业大学，2015.

[3] 夏林敏．红椿木材材性及耐老化性研究[D]．成都：四川农业大学，2019.

[4] 中国科学院中国植物志编辑委员会．中国植物志·第四十三卷（第三分册）[M]．北京：科学出版社，1997.

红豆树

Ormosia hosiei Hemsl. et Wils.

豆科 Fabaceae | 红豆属 *Ormosia*

别名：红豆，何氏红豆

形态特征

乔木，高达 30 m，胸径可达 1 m。树皮灰绿色，平滑。小枝绿色。奇数羽状复叶，长 12.5~23 cm；叶柄长 2~4 cm，叶轴长 3.5~7.7 cm；小叶 1~4 对，薄革质，卵形或卵状椭圆形，稀近圆形，长 3~10.5 cm，宽 1.5~5 cm，先端急尖或渐尖，基部圆形或阔楔形；小叶柄长 2~6 mm。圆锥花序顶生或腋生，长 15~20 cm，下垂；花有香气；花梗长 1.5~2 cm；花萼钟形，浅裂，萼齿三角形，紫绿色，密被褐色短柔毛；花冠白色或淡紫色，旗瓣倒卵形，长 1.8~2 cm；雄蕊 10。荚果近圆形，扁平，长 3.3~4.8 cm，宽 2.3~3.5 cm，先端有短喙。种子近圆形或椭圆形，长 1.5~1.8 cm，宽 1.2~1.5 cm，种皮红色。

花果期

花期 4~5 月，果期 10~11 月。

地理分布

广东：广州栽培。

国内：江苏、浙江、福建、江西、山东、湖北、湖南、广西、重庆、四川、贵州、云南、陕西、甘肃。

国外：越南。

生态特性

生于河旁、山坡、山谷林内，海拔 200~1 350 m。

木材特性

木材红色，坚硬细致，纹理美丽，有光泽，边材不耐腐，易受虫蛀，心材耐腐朽，为优良的木雕工艺及高级家具等用材。

其他

国家二级保护野生植物，具有材用、药用、园林绿化价值。目前研究包括其遗传多样性、种群结构、林分抚育、繁殖等。

参考文献

[1] 黄毕华，李强，张乐，等. 恩施州红豆属植物种群分布与特征研究 [J]. 湖北林业科技，2023, 52(4): 46-51+29.

[2] 李峰卿. 红豆树天然居群遗传多样性和交配系统分析 [D]. 北京：中国林业科学研究院，2017.

[3] 韦忆. 升高 CO_2 浓度和干旱胁迫对红豆树幼苗生理生化的影响 [D]. 贵阳：贵州大学，2023.

[4] 中国科学院中国植物志编辑委员会. 中国植物志·第四十卷 [M]. 北京：科学出版社，1994.

杨柳科 Salicaceae | 天料木属 Homalium

红花天料木
Homalium ceylanicum (Gardner) Benth.

别名：斯里兰卡天料木，母生

形态特征
乔木，高达 25 m。树皮粗糙。小枝圆柱形，棕褐色，密具白色突起的椭圆形皮孔。叶薄革质至厚纸质，椭圆形至长圆形，长 10~18 cm，宽 4.5~8 cm，先端钝，急尖或短渐尖，基部宽楔形至近圆形，边缘全缘或具极疏钝齿，侧脉 7~8 对，在下面凸起；叶柄长 8~10 mm。花多数，4~6 朵簇生而排成总状，总状花序腋生，长 10~20 cm，稀达 30 cm，花序梗被短柔毛；花瓣 5~6，线状长圆形，长约 2 mm，宽约 0.6 mm，外面疏被短柔毛，边缘密被短睫毛；雄蕊 4~6。蒴果倒圆锥形，长约 4 mm，直径约 1.5 mm。

花果期
花期 6 月至翌年 2 月，果期 10~12 月。

地理分布
广东：高要、阳春、茂名。
国内：广东、广西、海南、福建。
国外：越南、斯里兰卡。

生态特性
生于海拔 630~1 200 m 的山谷疏林中和林缘。

木材特性
木材红褐色，结构坚硬而具韧性，切面光滑，干燥时不翘不裂，抗虫耐腐，主要用于造船、车辆、家具及细木工等。

其他
我国珍贵用材树种。目前材源短缺，大部分研究集中于其育苗、栽培、造林技术等。

参考文献
[1] 陈彧，陈强，杨众养，等. 红花天料木育苗及栽培技术 [J]. 热带林业，2015, 43(4): 38-40+48.
[2] 潘伟华. 红花天料木造林技术与效果分析 [J]. 引进与咨询，2005 (11): 66-67.
[3] 中国科学院中国植物志编辑委员会. 中国植物志·第五十二卷（第一分册）[M]. 北京：科学出版社，1999.

红胶木 *Lophostemon confertus* (R. Brown) Peter G. Wilson & J. T. Waterhouse

桃金娘科 Myrtaceae | 红胶木属 *Lophostemon*

别名：布里斯班红胶木

形态特征

乔木，高约 20 m，胸径可达 0.5 m。嫩枝初时扁而有棱，后变圆形，有短毛。叶片革质，聚生于枝顶，假轮生，长圆形或卵状披针形，长 7~15 cm，宽 3~7 cm，先端渐尖或尖锐，基部楔形，上面多突起腺点，下面有时带灰色，侧脉 12~18 对。聚伞花序腋生，长 2~3 cm，有花 3~7 朵，总梗长 6~15 mm；花梗长 3~6 mm；花瓣倒卵状圆形，长约 6 mm，外面有毛；雄蕊束长 10~12 mm。蒴果半球形，直径 8~10 mm。

花果期

花期 5~7 月，果期 10 月。

地理分布

广东：广州、始兴、深圳、肇庆栽培。

国内：广东、广西、海南、香港栽培。

国外：澳大利亚。

生态特性

适生于肥沃、排水良好、土层深厚的台地、低山丘陵、缓坡地。

木材特性

　　木材深红紫褐色或巧克力褐色，材质坚重，抗白蚁，耐水湿，宜作机械垫座、家具、农具、枕木、造船、造纸等。

其　他

　　生长迅速，常作行道树。目前研究集中于栽培技术。

参考文献

[1] 谢金链. 优良用材树种红胶木的栽培技术 [J]. 广东林业科技, 2005 (2): 79.

[2] 中国科学院中国植物志编辑委员会. 中国植物志·第五十三卷（第一分册）[M]. 北京：科学出版社，1984.

红锥 *Castanopsis hystrix* J. D. Hooker et Thomson ex A. De Candolle

壳斗科 Fagaceae | 锥属 *Castanopsis*

别名：锥栗，刺锥栗，椆栗

形态特征

乔木，高达 25 m，胸径可达 1.5 m。当年生枝紫褐色，被微柔毛及黄棕色细片状蜡鳞，2 年生枝暗褐黑色，密生几与小枝同色的皮孔。成年树的树皮浅纵裂，块状剥落，外皮灰白色，内皮红褐色；叶纸质或薄革质，披针形，有时兼有倒卵状椭圆形，长 4~9 cm，宽 1.5~4 cm，嫩叶背面至少沿中脉被脱落性的短柔毛兼有颇松散而厚或较紧实而薄的红棕色或棕黄色细片状腊鳞层。雄花序为圆锥花序或穗状花序；雌穗状花序单穗位于雄花序之上部叶腋间。果序长达 15 cm；壳斗有坚果 1 个，连刺径 25~40 mm，整齐的 4 瓣开裂，刺长 6~10 mm，数条在基部合生成刺束；坚果宽圆锥形，高 10~15 mm。

花果期

花期 4~6 月，果期翌年 8~11 月。

地理分布

广东：连州、连山、始兴、英德、清远、从化、花都、龙川、河源、和平、五华、大埔、梅州、海丰、陆丰、饶平、惠东、博罗、肇庆、新会、广宁、封开、云浮、罗定、阳春、阳江、信宜、茂名。

国内：广东、广西、海南、福建、湖南、贵州、云南、西藏。

国外：越南、老挝、柬埔寨、缅甸、印度等。

生态特性

生于海拔 30~1 600 m 缓坡及山地常绿阔叶林中，稍干燥及湿润地方。有时成小片纯林，常为林木的上层树种。

木材特性

心边材区别明显，心材红棕色至褐红色，边材色较淡，辐射状散孔材，材质坚重，有弹性，结构略粗，纹理直，干燥时稍爆裂，耐腐，加工易，刨削后有光泽，为车、船、梁、柱、建筑及家具优质用材。

其他

目前育苗技术、优良种源筛选、遗传变异、混交树种配置、大径材培育、固碳、生态服务功能、土壤微生物及微量元素等方向的研究较多。

参考文献

[1] 陈秋海，周晓果，朱宏光，等．桉树与红锥混交对土壤养分及林下植物功能群的影响 [J]．广西植物，2022, 42(4): 556−568.

[2] 方福钟，纪淑芬．红锥无性繁殖研究进展 [J]．福建热作科技，2020, 45(1): 58−61+67.

[3] 龚循胜，汪雁楠，刘丽婷，等．基于 CiteSpace 的红锥发展现状分 [J]．南方林业科学，2022, 50(3): 41−46+60.

[4] 中国科学院中国植物志编辑委员会．中国植物志·第二十二卷 [M]．北京：科学出版社，1998.

[5] 周诚．珍贵用材树种红锥的生物学特性与研究综述 [J]．江西林业科技 [J]，2007 (5): 29−31.

猴欢喜

Sloanea sinensis (Hance) Hemsl.

杜英科 Elaeocarpaceae | 猴欢喜属 *Sloanea*

别名：黄金茄，牛金茄

形态特征

乔木，高约 20 m，胸径可达 1.2 m。叶薄革质，常为长圆形或狭窄倒卵形，长 6~9 cm，最长达 12 cm，宽 3~5 cm，先端短急尖，基部楔形或圆形，侧脉 5~7 对；叶柄长 1~4 cm。花多朵簇生于枝顶叶腋；花柄长 3~6 cm，被灰色毛；萼片 4 片，阔卵形，长 6~8 mm，两侧被柔毛；花瓣 4，长 7~9 mm，白色，外侧有微毛，先端撕裂，有齿刻。蒴果 3~7 片裂开；针刺长 1~1.5 cm；内果皮紫红色。种子长 1~1.3 cm，黑色，有光泽，假种皮黄色。

花果期

花期 9~11 月，果期翌年 6~7 月。

地理分布

广东：大部分地区。

国内：广东、广西、海南、贵州、湖南、江西、福建、台湾、浙江。

生态特性

生于海拔 700~1 000 m 的常绿林中或水旁。

木材特性

木材纹理通直，结构细密，质地轻软，硬度适中，易加工，干燥后不易变形，色泽艳丽，耐水湿，是桥梁、建筑、家具、胶合板等之良材。

其他

生长迅速，适应力强，分布广泛，是我国南方地区重要的造林树种。目前研究集中在系统分类、种源分析与良种选育、培育技术等。

参考文献

[1] 中国科学院中国植物志编辑委员会. 中国植物志·第四十九卷（第一分册）[M]. 北京：科学出版社，1989.

[2] 周娟, 蒋丽娟, 李昌珠. 生物柴油原料油树种——猴欢喜 [J]. 太阳能, 2009, 10: 19-21.

壳斗科 Fagaceae | 栎属 Quercus

槲栎

Quercus aliena Blume

别名：青冈树

形态特征

落叶乔木，高达 30 m，胸径可达 1 m。树皮暗灰色，深纵裂。小枝灰褐色，具圆形淡褐色皮孔。叶片长椭圆状倒卵形至倒卵形，长 10~20 (30) cm，宽 5~14 (16) cm，顶端微钝或短渐尖，基部楔形或圆形，叶缘具波状钝齿，叶背被灰棕色细茸毛，侧脉每边 10~15 条；叶柄长 1~1.3 cm。雄花序长 4~8 cm，雄花单生或数朵簇生于花序轴，花被 6 裂，雄蕊通常 10 枚；雌花序生于新枝叶腋，单生或 2~3 朵簇生。壳斗杯形，包着坚果约 1/2，直径 1.2~2 cm，高 1~1.5 cm；小苞片卵状披针形，长约 2 mm，排列紧密，被灰白色短柔毛。坚果椭圆形至卵形，直径 1.3~1.8 cm。

花果期

花期 3~5 月，果期 9~10 月。

地理分布

广东：乳源、乐昌。

国内：广东、广西、香港、北京、天津、河北、山西、辽宁、上海、江苏、浙江、安徽、江西、山东、河南、湖北、湖南、重庆、四川、贵州、云南、陕西、甘肃。

国外：朝鲜、日本。

生态特性

生于海拔 100~2 000 m 的向阳山坡，常与其他树种组成混交林或成小片纯林。

木材特性

木材为环孔材，边材灰白色，心材黄色，木材强度大、纹理美观、耐冲击、富于弹性、耐腐蚀，胶黏性能好，是上佳的地板用材。

其他

目前研究多集中在群落结构、林分特点、繁育栽培、复合种植经济等。

参考文献

[1] 丁明利, 李萌, 丁福明, 等. 海拔梯度对伏牛山北坡槲栎功能性状的影响 [J]. 东北林业大学学报, 2023, 51 (6): 40−45.

[2] 亢宗静. 块菌侵染初期对槲栎植株生长和根际土壤反硝化细菌群落结构的影响 [D]. 成都：四川农业大学, 2020.

[3] 中国科学院中国植物志编辑委员会. 中国植物志·第二十二卷 [M]. 北京：科学出版社, 1998.

黄檀 *Dalbergia hupeana* Hance

豆科 Fabaceae | 黄檀属 *Dalbergia*

别名：望水檀，檀树

形态特征

乔木，高达20 m，胸径可达0.8 m。树皮暗灰色，呈薄片状剥落。幼枝淡绿色。羽状复叶长15~25 cm；小叶3~5对，近革质，椭圆形至长圆状椭圆形，长3.5~6 cm，宽2.5~4 cm。圆锥花序顶生或生于最上部的叶腋间，连总花梗长15~20 cm，直径10~20 cm，疏被锈色短柔毛；花密集，长6~7 mm；花冠白色或淡紫色，各瓣均具柄，旗瓣圆形，先端微缺，翼瓣倒卵形，龙骨瓣与翼瓣内侧均具耳；雄蕊10。荚果长圆形或阔舌状，长4~7 cm，宽13~15 mm。种子肾形，长7~14 mm，宽5~9 mm。

花果期

花期5~7月，果期6~10月。

地理分布

广东：广州、惠州、肇庆、云浮、清远、韶关等。

国内：广东、广西、云南、贵州、四川、湖南、湖北、福建、江西、浙江、安徽、江苏、山东。

国外：越南。

生态特性

生于山地林中或灌丛中，山沟溪旁及有小树林的坡地常见，海拔600~1 400 m。

木材特性

木材淡黄色或黄白色，材质坚硬致密，纹理悦目，耐摩擦、耐冲击，可供车辆、器具、雕刻等用，是我国传统名贵家具和工艺品的首选材料。

其他

目前研究主要涵盖遗传多样性及分类地位、天然林特征、种源与良种选育、培育技术研究、木材特性及加工利用、病虫害防治、与生态环境的关系、观赏特性及文化价值和园林应用等方面。

参考文献

[1] 陈禹衡, 陆双飞, 毛岭峰. 黄檀属珍稀树种未来适宜区变化预测[J]. 浙江农林大学学报, 2021, 38(4): 837-845.

[2] 黄少甫, 陈忠毅. 黄檀 (*Dalbergia hupeana* Hance.) 的染色体组型[J]. 林业科学, 1983, 19(2): 217-218.

[3] 李世晋, 吴鸿, 张莫湘. 黄檀属模式指定及新异名[J]. 植物分类学报, 2007 (3): 383-387.

[4] 史云光, 邱国金, 蒋泽平, 等. 黄檀不同母树种子发芽试验初报[J]. 福建林业科技, 2018, 45(1): 79-81.

[5] 谭子幼, 张元华, 谭永军. 珍贵树种黄檀栽培技术[J]. 林业与生态, 2022 (5): 38-39.

[6] 王晓鹏, 陈正涛, 高林, 等. 安徽皇甫山黄檀群落物种多样性初步研究[J]. 生物学杂志, 2005 (5): 35-37.

[7] 中国科学院中国植物志编辑委员会. 中国植物志·第四十卷[M]. 北京: 科学出版社, 1994.

黄樟
Camphora parthenoxylon (Jack) Nees

樟科 Lauraceae | 樟属 *Camphora*

别名：大叶樟，樟木，山椒

形态特征
常绿乔木，高达 10~20 m，胸径可达 0.4 m 以上。树干通直。树皮暗灰褐色，上部为灰黄色，深纵裂，小片剥落，具有樟脑气味。枝条粗壮，圆柱形，绿褐色，小枝具棱角，灰绿色。叶互生，通常为椭圆状卵形或长椭圆状卵形，长 6~12 cm，宽 3~6 cm，先端通常急尖或短渐尖，基部楔形或阔楔形，革质，羽状脉，侧脉每边 4~5 条；叶柄长 1.5~3 cm。圆锥花序于枝条上部腋生或近顶生，长 4.5~8 cm，总梗长 3~5.5 cm。花长约 3 mm。果球形，直径 6~8 mm，黑色；果托狭长倒锥形，长约 1 cm 或稍短，红色，有纵长的条纹。

花果期
花期 3~5 月，果期 4~10 月。

地理分布
广东：大部分地区。

国内：广东、广西、江西、湖南、贵州、四川、云南、福建。

国外：巴基斯坦、印度、马来西亚、印度尼西亚。

生态特性
生于海拔 1 500 m 以下的常绿阔叶林或灌木丛中。

木材特性
木材纹理通直，结构均匀细致，稍重而韧，易于加工，纵切面平滑，干燥后少开裂，且不变形，各切面均极油润，耐腐，纵切面具光泽，颇美观，适于作梁、柱、桁、门、窗、天花板及农具等用材，也可供造船、水工、桥梁、上等家具等用，岭南地区因其木材有樟脑气味可驱臭虫，喜用之作床板。

其他
目前在形态学、良种选育、生态学特性、栽培与繁育、化学型及精油成分分析等方面均取得了相关成果，但抗逆性、造林、引种驯化、病虫害防治等方面的研究未见报道。

参考文献
[1] 刘新亮，戴小英，张月婷，等. 黄樟高频愈伤组织诱导及植株再生 [J]. 东北林业大学学报，2023, 51(3): 41-46+53.

[2] 肖祖飞，钟丽萍，张北红，等. 黄樟的研究进展 [J]. 南方林业科学，2020, 48(2): 62-65.

[3] 中国科学院中国植物志编辑委员会. 中国植物志·第三十一卷 [M]. 北京：科学出版社，1982.

木兰科 Magnoliaceae | 木莲属 Manglietia

Manglietia glauca Blume

灰木莲

形态特征
常绿乔木，高达 26 m，胸径可达 0.8 m。树皮灰白平滑。单叶互生薄革质，倒卵形、窄椭圆形或窄倒卵形，长 10~20 cm，宽 3.5~6.5 cm，先端短尖或渐尖，基部楔形，全缘，长 10~20 cm，宽 3.5~6.5 cm，直径约 2 cm。花被 9 片，乳白色或乳黄色，肉质，稍厚。聚合果卵形，有种子 5~6 粒。成熟时假种皮红色。

花果期
花期 4~5 月，果期 9~10 月。

地理分布
广东：广州、肇庆、徐闻栽培。
国内：广东、广西、海南栽培。
国外：越南、印度尼西亚。

生态特性
适生于海拔 800 m 以下，土层疏松、深厚、湿润肥沃的砂页岩发育成的砖红壤性土、砖红壤性红壤或红黄壤。

木材特性
木材重量轻，干缩小，强度低，纹理细致，易加工，切面光滑美丽，干燥容易，可供建筑、家具和胶合板等用。

其他
1960 年被引入我国热带和南亚热带地区，由于其生长表现良好，并能正常开花结实，近年来已成为南方诸省份具有发展潜力的优良阔叶用材林和生态公益林树种。当前研究主要集中在生理特性、防火性能等。

参考文献
[1] 广西林业局, 广西林学会. 阔叶树种造林技术 [M]. 南宁：广西人民出版社, 1980.
[2] 吴高潮, 徐钊, 张中社, 等. 树种抗火性综合评价技术研究 [J]. 防护林科技, 2006 (1): 19-20.
[3] 张栋, 林宗鑫, 文珊娜, 等. 广东郁南 51 年生灰木莲生长研究 [J]. 林业与环境科学, 2020, 36(2): 89-93.
[4] 张志鸿, 许涵, 姜清彬. 灰木莲——华南地区具优良防火特性的多用途树种研究进展 [J]. 林业与环境科学, 2020, 36(6): 121-125.

火炬松 *Pinus taeda* L.

松科 Pinaceae | 松属 *Pinus*

别名：火把松，太德松

形态特征

乔木，高达 30 m，胸径可达 2 m。树皮鳞片状开裂，近黑色、暗灰褐色或淡褐色。枝条每年生长数轮；小枝黄褐色或淡红褐色。针叶 3 针一束，稀 2 针一束，长 12~25 cm，径约 1.5 mm，硬直，蓝绿色。球果卵状圆锥形或窄圆锥形，基部对称，长 6~15 cm，熟时暗红褐色；种鳞的鳞盾横脊显著隆起，鳞脐隆起延长成尖刺。种子卵圆形，长约 6 mm，栗褐色，种翅长约 2 cm。

花果期

花期 4 月，果期 10 月。

地理分布

广东：广州、深圳、雷州栽培。

国内：广东、广西、香港、河北、山西、吉林、江苏、浙江、福建、江西、山东、河南、湖北、湖南、重庆、云南、陕西栽培。

国外：北美东南部。

生态特性

喜光、喜温暖湿润，多分布于山地、丘陵坡地中部至下部，对土壤要求不严，能耐干燥瘠薄的土壤。在我国引种区内，一般在 500 m 以下低山、丘陵、岗地造林。海拔超过 500 m 则生长不良，达到海拔 800 m 一般都受冻害。

木材特性

心材和边材呈淡红褐色，由边材向心材颜色加深。心材一般从 14 龄开始形成，可供船舶、桥梁、建筑、坑木、枕木等用材。

其他

我国南方重要造林树种和工业用材树种。目前研究多集中在性状的遗传改良、良种培育繁殖、病虫害等。

参考文献

[1] 何紫迪. 火炬松产脂性状相关基因表达分析 [D]. 广州：华南农业大学，2022.

[2] 林汉权，林卓. 火炬松应成为我省北部地区重点发展的造纸用材 [J]. 广东造纸，1986 (4)：15-25.

[3] 毛积鹏. 火炬松松脂合成相关基因的鉴定、单核苷酸多态性、进化和表达谱分析 [D]. 广州：华南农业大学，2022.

[4] 张蝶，徐刚标. 火炬松遗传改良研究进展 [J]. 广西林业科学，2016, 45(4)：419-425.

[5] 中国科学院中国植物志编辑委员会. 中国植物志·第七卷 [M]. 北京：科学出版社，1978.

罗汉松科 Podocarpaceae | 鸡毛松属 *Dacrycarpus* | *Dacrycarpus imbricatus* (Blume) de Laubenfels

鸡毛松

别名：假柏木，流鼻松，竹叶松

形态特征

乔木，高达 30 m，胸径可达 2 m。树皮灰褐色。老枝或果枝之叶鳞片状，长 2~3 mm，先端内曲；生于幼树、萌生枝或小枝枝顶之叶线形，排成 2 列，形似羽毛，长 6~12 mm，两面有气孔线，先端微弯。雄球花穗状，生于小枝顶端，长约 1 cm；雌球花单生或成对生于小枝顶端，通常仅 1 个发育。种子卵圆形，生于肉质种托上，成熟时肉质假种皮红色。

花果期

花期 4 月，果期 10 月。

地理分布

广东：广州、信宜、肇庆栽培。
国内：海南、广西、云南。
国外：越南、菲律宾、印度尼西亚。

生态特性

生于海拔 400~1 000m 的山地、山谷、溪涧旁，常与常绿阔叶树结成混交林，或成纯林。

木材特性

出材率高，木材纹理细致且直，花纹美观、黄中带红，结构细致均匀，加工容易，耐腐力强，干后稍有开裂，但不变形，油漆性能良好，纵切面光滑而有光泽，属优质材，适作梁、桁、门、天花板、上等家具、细工器具、文具、室内装饰、胶合板等用材。

其他

目前在化学成分、种子育苗、山地栽培技术及幼林生长规律等方面已有相关研究，但木材特性方面研究尚少。

参考文献

[1] 袁铁象，黄应钦，梁瑞龙. 广西主要乡土树种 [M]. 南宁：广西科学技术出版社.

[2] 周日谋，梁茂棠. 广西博白发现稀有树种——鸡毛松 [J]. 林业科技通讯，1982, 2: 2.

加勒比松

Pinus caribaea Morelet

松科 Pinaceae | 松属 *Pinus*

别名：古巴松

形态特征

乔木，高达 45 m，胸径可达 1.4 m。树冠广圆形或呈不规则形状。树皮灰色或淡红褐色，裂成扁平的大片脱落。针叶通常 3 针一束，稀 2 针一束，幼时多为 4~5 针一束，翌年脱落，长 15~30 cm，径约 1.5 mm，每边均有气孔线，边缘有细锯齿。雄球花圆柱形，长 1.2~3.2 cm。球果近顶生，卵状圆柱形，长 5~10 cm，稀达 12 cm，径 2.5~3.8 cm；种鳞微反曲或斜伸，鳞盾有横脊，鳞脐顶端有小刺尖头。种子斜方状窄卵圆形，顶端尖，基部钝，微呈三棱状，长 6~7 mm，有灰色或淡褐色斑点，种翅深灰色，长 2~2.5 cm。

花果期

花期 12 月至翌年 2 月，果期翌年 8 月。

地理分布

广东：湛江、海康、徐闻等栽培。

国内：华南地区栽培。

国外：古巴、洪都拉斯、尼加拉瓜、危地马拉及厄瓜多尔。

生态特性

生于沿海平地上及山区海拔 480~900 m 地带，年降水量 1 250~2 000 mm，适生于无石灰性的砂质土壤。

木材特性

木材强度大，坚重，粗疏纹理，木材分黄色、白色两种，广泛用于桩木、梁柱、杆材、枕木、坑木、承重地，承重木结构、细木工等，还可用于造纸，使用混合木浆生产包装纸。

其他

冠形优美，生长快速，适应性强。目前研究主要集中在林木遗传育种、松脂化学成分以及杂交育种等。

参考文献

[1] 宁华珙，王博，陆结芳，等. 火炬松第三代半同胞家系与火炬松×加勒比松全同胞家系遗传变异分析[J]. 林业与环境科学，2018, 34(1): 26-31.

[2] 杨如春，黄勤学，林之永. 加勒比松松香在聚合松香生产中的应用[J]. 广东林业科技，2011, 27(5): 35-37.

[3] 中国科学院中国植物志编辑委员会. 中国植物志·第七卷[M]. 北京：科学出版社，1978.

[4] 宗亦臣，郑勇奇，陈贰，等. 加勒比松杂交育种试验[J]. 东北林业大学学报，2011, 39(3): 1-4.

江南油杉 *Keteleeria fortunei* var. *cyclolepis* (Flous) Silba

松科 Pinaceae | 油杉属 *Keteleeria*

别名：浙江油杉

形态特征

乔木，高达 20 m，胸径约 0.6 m。树皮灰褐色，不规则纵裂。叶条形，在侧枝上排列成 2 列，长 1.5~4 cm，宽 2~4 cm，先端圆钝或微凹，稀微急尖，边缘多少卷曲或不反卷，上面光绿色。球果圆柱形或椭圆状圆柱形，顶端或上部渐窄，长 7~15 cm，径 3.5~6 cm；苞鳞中部窄，下部稍宽，上部圆形或卵圆形，先端三裂；种翅中部或中下部较宽。

花果期

花期 2~3 月，果期 10~12 月。

地理分布

广东：信宜、和平。

国内：广东、广西、云南、贵州、江西、浙江、湖南。

生态特性

常生于海拔 340~1 400 m 山地。

木材特性

木材黄褐色至红褐色，有光泽、坚实、纹理直、耐水湿，可作建筑、桥梁、家具、船舱、面板等用材。

其他

我国南方重要的乡土珍贵树种，是山地造林、用材林和园林绿化珍贵树种，具有重要的生态价值和经济开发利用前景。目前研究主要集中在生态学特征（即种群结构、物种组成及植物区系成分等）、生物学特性（如生长规律等）、抗逆性研究、苗期培育、人工林培育和耗水规律等方面。

参考文献

[1] 何国生. 福建江南油杉4种天然林群落物种结构特征 [J]. 西南林业大学学报, 2011, 31(5): 1-5.

[2] 刘菲, 周隆腾, 蒋燚, 等. 不同种源江南油杉幼苗对干旱胁迫的生理响应 [J]. 中南林业科技大学学报, 2018, 38(11): 35-45.

[3] 麻建强, 翁春余, 李江燕. 江南油杉轻基质容器育苗试验 [J]. 浙江林业科技, 2010, 30(4):90-93.

[4] 庞艳萍, 刘菲, 潘淑民, 等. 干旱胁迫下江南油杉幼苗生长与耗水特性 [J]. 广西林业科学, 2024, 53(1): 33-41.

[5] 王德水. 江南油杉群落结构特征研究 [J]. 福建林业科技, 2003, 30(3): 37-39.

[6] 王勇, 蒋燚, 黄荣林, 等. 广西江南油杉人工林冠幅与胸径相关性研究及应用 [J]. 广东农业科学, 2014 (6): 62-65.

[7] 杨淼淼, 何文广, 陈文荣, 等. 江南油杉优树种子表型性状的多样性分析 [J]. 福建林业科技, 2020, 47(4): 18-21+30.

[8] 中国科学院中国植物志编辑委员会. 中国植物志·第七卷 [M]. 北京: 科学出版社, 1978.

降香

Dalbergia odorifera T. Chen

豆科 Fabaceae | 黄檀属 *Dalbergia*

别名：降香黄檀，花梨木，降香檀

形态特征

半常绿乔木，高达 10~15 m，胸径可达 0.8 m。小枝有小而密集的皮孔。羽状复叶长 12~15 cm；小叶（3）4~6 对，卵形或椭圆形，长 3.5~8 cm，先端急尖而钝，基部圆或宽楔形。圆锥花序腋生，由多数聚伞花序组成；苞片近三角形，小苞片宽卵形；花萼钟状，下方 1 枚萼齿较长，披针形，其余宽卵形；花冠淡黄色或乳白色，花瓣近等长，具柄，旗瓣倒心形，翼瓣长圆形，龙骨瓣半月形；雄蕊 9，单体；子房窄椭圆形，胚珠 1~2。荚果舌状长圆形，长 4.5~8 cm，宽 1.5~1.8 cm，果瓣革质，对种子部分明显凸起呈棋子状，通常有 1（稀 2）种子。种子肾形。

花果期

花期 4~6 月，果期翌年 10~12 月。

地理分布

广东：广州、珠海、江门、湛江、怀集、梅州栽培。

国内：海南。

生态特性

生于中海拔山坡疏林中、林缘。

木材特性

边材淡黄色，质略疏松，心材红褐色，坚重，纹理致密，为上等家具良材。

其他

木材有香味，可作香料；根部心材名降香，供药用，为良好的镇痛剂，又治刀伤出血。目前研究多在中药应用方面，在微生物协作、生态服务功能、组培与扦插、嫁接技术也有相关研究成果。

参考文献

[1] 邓家珍, 叶绍明, 林铭业, 等. 降香黄檀根瘤以及根瘤菌形态和超微结构特征 [J]. 南京林业大学学报 (自然科学版), 2023, 5(5): 259-267.

[2] 高媛, 李效文, 陈秋夏. 降香黄檀引种栽培研究进展 [J]. 浙江农业科学, 2017, 58(1): 52-55+58.

[3] 孟慧, 杨云, 冯锦东. 降香黄檀引种栽培现状与发展 [J]. 广东农业科学, 2010, 7: 79-80.

[4] 中国科学院中国植物志编辑委员会. 中国植物志·第四十卷 [M]. 北京: 科学出版社, 1994.

第二章 树种各论

金叶含笑 *Michelia foveolate* Merr. ex Dandy

木兰科 Magnoliaceae | 含笑属 *Michelia*

别名：亮叶含笑，长柱含笑，灰毛含笑

形态特征

乔木，高达 30 m，胸径可达 0.8 m。树皮淡灰色或深灰色。芽、幼枝、叶柄、叶背、花梗、密被红褐色短茸毛。叶厚革质，长圆状椭圆形、椭圆状卵形或阔披针形，长 17~23 cm，宽 6~11 cm，先端渐尖或短渐尖，基部阔楔形，圆钝或近心形，上面深绿色，有光泽，下面被红铜色短茸毛，侧脉每边 16~26 条；叶柄长 1.5~3 cm。花被片 9~12 片，淡黄绿色，基部带紫色，外轮 3 片阔倒卵形，长 6~7 cm，中、内轮倒卵形；雄蕊约 50 枚；雌蕊群长 2~3 cm，雌蕊群柄长 1.7~2 cm，被银灰色短茸毛。聚合果长 7~20 cm；蓇葖长圆状椭圆体形，长 1~2.5 cm。

花果期

花期 3~5 月，果期 9~10 月。

地理分布

广东：从化、封开、广宁、和平、怀集、乐昌、连南、连山、连州、南雄、仁化、乳源、始兴、翁源、新丰、信宜、阳山、英德、增城、肇庆。

国内：广东、广西、贵州、湖北、湖南、江西、云南。

国外：越南。

生态特性

生于海拔 500~1 800 m 的阴湿林中。常见于沟边、山坡下部。

木材特性

木材为散孔材，材质轻，纹理直，结构细而均匀，容重0.61，边材黄白色，狭窄，心材黑褐色，径面具光泽及花纹，心材耐腐，翘曲变形小，加工性能良好，油漆及黏胶性能均好，是良好的细木工、家具、箱盒制造、室内装修、美术工艺、造船用材。

其他

目前在杂交育种技术、套种试验、引种试验、育苗及栽培管理技术、光合生理特性、基因组学、生态学、化学成分等方面已有相关研究成果。

参考文献

[1] 林志洪，林雄. 多用途树种金叶含笑的开发与应用 [J]. 林业实用技术，2004 (9): 43–44.

[2] 刘干基，罗曹赏. 金叶含笑 [J]. 广东林业科技，1981 (3): 16+38.

[3] 张成涛，何海旗，许刚，等. 金叶含笑的栽培与应用 [J]. 农业科技与信息，2012 (9):38–39.

[4] 张吉华，娄开华，邬玉芬，等. 金叶含笑引种试验初报 [J]. 内蒙古农业科技，2005 (S2): 176+179.

[5] 中国科学院中国植物志编辑委员会. 中国植物志·第三十卷（第一分册）[M]. 北京：科学出版社，1996.

栲

Castanopsis fargesii Franch.

壳斗科 Fagaceae | 锥属 *Castanopsis*

别名：红栲，红背槠，火烧柯

形态特征

乔木，高 10~30 m，胸径 20~80 cm。树皮浅纵裂。芽鳞、嫩枝顶部及嫩叶叶柄均被与叶背相同但较早脱落的红锈色细片状蜡鳞。叶长椭圆形或披针形，稀卵形，长 7~15 cm，宽 2~5 cm，顶部短尖或渐尖，基部近于圆形或宽楔形，叶背的蜡鳞层颇厚且呈粉末状；叶柄长 1~2 cm。雄花穗状或圆锥花序，花单朵密生于花序轴上，雄蕊 10 枚；雌花单朵散生于有时长达 30 cm 的花序轴上。壳斗通常圆球形或宽卵形，连刺径 25~30 mm，稀更大，不规则瓣裂，壳壁厚约 1 mm，刺长 8~10 mm，基部合生或很少合生至中部成刺束，每壳斗有 1 坚果；坚果圆锥形。

花果期

花期 4~6 月，也有 8~10 月，果期翌年 8~10 月。

地理分布

广东：广州、始兴、仁化、乳源、新丰、南雄、江门、信宜、肇庆、怀集、封开、德庆、博罗、龙门、梅州、梅县、大埔、平远、蕉岭、河源、紫金、龙川、连平、和平、阳山、连山、连南、英德、连州、潮州、饶平。

国内：广东、广西、海南、台湾、湖北、四川、贵州、云南、江苏、浙江、安徽、福建、江西、湖南、重庆。

生态特性

生于海拔 200~2100 m 坡地或山脊杂木林中。

木材特性

木材淡棕黄色至黄白色，环孔材至半环孔材，木射线有细、宽二类，宽木射线常见聚合射线，材质略轻软，干时常爆裂，不耐腐。

其他

生长速度快，适应性强，根系发达，林冠郁闭度高。目前研究多集中在群落分布情况、建群种生境、凋落物养分、种苗关系、种子性状、潜在适生区和分布区及影响因子等。

参考文献

[1] 陈卫东. 林窗和林下环境对红栲种子出苗的影响研究 [J]. 福建林业科技, 2007 (3):40-41.

[2] 何冬梅, 陈逸飞, 苏仪. 郭岩山不同海拔天然栲树林土壤硅形态特征 [J]. 林业科学研究, 2023, 36(2): 153-160.

[3] 林益心. 三种类型次生阔叶林树种组成及槠栲类树种生长状况比较 [J]. 林业勘察设计, 2023, 43(2): 35-37+42.

[4] 欧阳雪, 杨永川, 黄力, 等. 缙云山常绿阔叶林栲种子产量及形态特征年际动态 [J]. 中国水土保持科学 (中英文), 2023, 21(3):103-109.

[5] 中国科学院中国植物志编辑委员会. 中国植物志·第二十二卷 [M]. 北京：科学出版社, 1998.

壳菜果

金缕梅科 Hamamelidaceae | 壳菜果属 *Mytilaria*

Mytilaria laosensis Lecomte

别名：米老排

形态特征

常绿乔木，高达 30 m，胸径可达 0.8 m。小枝具节及环状托叶痕。叶宽卵形，长 10~13 cm，基部心形，全缘或 3 浅裂，具掌状脉；托叶长卵形，管状，包芽，早落。花萼筒藏在肉质花序轴中与子房壁合生，萼片 5~6，卵形，不等大，覆瓦状排列；花瓣 5，带状舌形，稍肉质；雄蕊 10~13，着生于环状萼筒内侧；子房下位，2 室；每室 6 胚珠，中轴胎座。蒴果卵圆形。种子椭圆形。

花果期

花期 3~6 月，果期 7~9 月。

地理分布

广东：广州、阳春、郁南、罗定、信宜、德庆、封开、深圳、江门。

国内：广东、广西、云南。

国外：越南、老挝。

生态特性

适合生长在热带雨林气候中，适宜海拔高度 200~800 m 以下，一般生长在丘陵中下部与河谷两侧。

木材特性

木材的纤维长度、宽度、双壁厚、长宽比、壁腔比、腔径比平均值分别为 2014.2 μm、26.19 μm、15.12 μm、11.07 μm、78.68、0.79、0.57；导管分子长度、宽度、双壁厚、长宽比、壁腔比、腔径比平均值分别为 1 666 μm、53.83 μm、48.40 μm、5.44 μm、31.85、0.12、0.90，纤维比量、导管比量、木射线比量和薄壁组织比量平均值分别为 54.8%、16.5%、27.6%、1.1%，由髓心向外呈递减趋势，并将幼龄材与成熟材的界限定为第 7 年。

其他

我国南方重要的用材树种，具有生长快、干形直、材质优和抗性强等特性。目前已有生物学特性、育苗与造林技术、森林经营与病虫害防控、种质资源与良种选育、木材材性与利用等研究。

参考文献

[1] 黄正暾，王顺峰，姜仪民，等. 米老排的研究进展及其开发利用前景 [J]. 广西农业科学，2009, 40(9): 1220–1223.

[2] 梁善庆，罗建举. 人工林米老排木材解剖性质及其变异性研究 [J]. 北京林业大学学报，2007, 29(3): 142–148.

[3] 庞正轰，陈宗福，陈晓龙，等. 我国米老排研究进展 [J]. 广西林业科学，2022, 51(4): 573–582.

[4] 赵骏芳. 米老排栽培技术 [J]. 农业技术与装备，2023 (6):112–114.

[5] 中国科学院中国植物志编辑委员会. 中国植物志·第三十五卷 [M]. 北京：科学出版社，1979.

榔榆
Ulmus parvifolia Jacq.

榆科 Ulmaceae | 榆属 *Ulmus*

别名：小叶榆，秋榆，掉皮榆

形态特征
　　落叶乔木，高达 25 m，胸径可达 1 m。树冠广圆形。树干基部有时成板状根。树皮灰色或灰褐色，裂成不规则鳞状薄片剥落，露出红褐色内皮。叶披针状卵形或窄椭圆形，稀卵形或倒卵形，长 1.7~8 cm，宽 0.8~3 cm，先端尖或钝，基部偏斜，楔形或一边圆，叶面深绿色，有光泽，边缘从基部至先端有钝而整齐的单锯齿，侧脉每边 10~15 条，细脉在两面均明显，叶柄长 2~6 mm。花 3~6 数在叶腋簇生或排成簇状聚伞花序，花被片 4，花梗被疏毛。翅果椭圆形或卵状椭圆形，长 10~13 mm，宽 6~8 mm。

花果期
　　花期 8~9 月，果期 10~12 月。

地理分布
　　广东：广州、乐昌、梅州、南雄、仁化、乳源、始兴、英德。
　　国内：广东、广西、河北、山东、江苏、安徽、浙江、福建、台湾、江西、湖南、湖北、贵州、四川、陕西、河南。
　　国外：朝鲜、日本。

生态特性
　　生于平原、丘陵、山坡及谷地。

木材特性
　　边材淡褐色或黄色，心材灰褐色或黄褐色，材质坚韧，纹理直，耐水湿，可作家具、车辆、造船、器具、农具、油榨、船橹等用材。

其他

树皮纤维，杂质少，可作蜡纸及人造棉原料，或织麻袋、编绳索，亦供药用。目前研究包括遗传学、生理学、分子生物学和生态学等。

参考文献

[1] 高强, 周坚, 花永怒. 多效唑对榔榆盆景植物生长的调控[J]. 南京林业大学学报: 自然科学版, 1992, 16(2): 6.

[2] 李方祯, 宛涛, 伊卫东, 等. 锡盟沙地榆 (*Ulmus pumila* var. *sabulosa*) 遗传多样性的 RAPD 研究[J]. 中国农业科技导报, 2008, 10(3): 6.

[3] 李方祯. 锡盟沙地榆 (*Ulmus pumila* var. *sabulosa*) 遗传多样性及其与家榆 (*U. pumila*) 的比较研究[D]. 呼和浩特: 内蒙古农业大学, 2008.

[4] 吴晓宇. 不同温度处理对榔榆种子萌发及幼苗生理生化指标的影响[D]. 泰安: 山东农业大学, 2018.

[5] 杨式友. 榔榆的性状与显微鉴别[J]. 中国药业, 2003, 12(6): 2.

[6] 张清瑜, 李存华, 杨庆山, 等. 榔榆幼苗耐旱特性及补偿效应机制研究[J]. 山东林业科技, 2017, 47(5): 5.

[7] 中国科学院中国植物志编辑委员会. 中国植物志·第二十二卷[M]. 北京: 科学出版社, 1998.

[8] 周洁, 郭佳惠. 榔榆组织培养再生体系构建及其移栽苗耐盐耐镉性试验[J]. 江苏林业科技, 2021, 48(4): 5.

[9] 祝亚云, 汪有良, 蒋春, 等. 榔榆单株种子表型变异研究初报[J]. 江苏林业科技, 2018, 45(1): 4.

乐昌含笑 *Michelia chapensis* Dandy

木兰科 Magnoliaceae | 含笑属 *Michelia*

别名：广东含笑，南方白兰花，景烈白兰

形态特征

乔木，高达30 m，胸径可达1 m。树皮灰色至深褐色。叶薄革质，倒卵形、狭倒卵形或长圆状倒卵形，长6.5~15（16）cm，宽3.5~6.5（7）cm，侧脉每边9~12（15）条；叶柄长1.5~2.5 cm。花梗长4~10 mm，被平伏灰色微柔毛，具2~5苞片脱落痕；花被片淡黄色，6片，芳香，2轮，外轮倒卵状椭圆形，长约3 cm，宽约1.5 cm。聚合果长约10 cm，果梗长约2 cm；蓇葖长圆体形或卵圆形，顶端具短细弯尖头。种子红色，卵形或长圆状卵圆形，长约1 cm，宽约6 mm。

花果期

花期3~4月，果期8~9月。

地理分布

广东：乐昌、乳源、连州、连山、连南、南雄、曲江、怀集。

国内：广东、广西、香港、江西、湖南、贵州、云南。

国外：越南。

生态特性

生于海拔500~1 500 m的山地林间。

木材特性

木材性能良好，木材密度为0.366，干缩系数为0.2，易干燥、不翘曲、不弯裂，可作为胶合板材料，且其最大吸水率为163.3%，宜做高级纸浆材。

其他

所含的挥发物质具有抑菌、抗氧化和抗癌等药理作用，是我国亚热带地区常绿阔叶林重要建群种之一。目前研究主要集中在种群分布、生物学特性、苗木繁育、引种栽植等。

参考文献

[1] 蒋泽平, 王国良, 梁珍海, 等. 乐昌含笑的离体快速繁殖 [J]. 植物生理学通讯, 2005, 41(1): 67.

[2] 来端. 乐昌含笑种子育苗和扦插繁殖技术研究 [J]. 林业科学研究, 2006, 19(4): 441-445.

[3] 孙银祥, 张建忠, 王逢垚, 等. 乐昌含笑扦插繁殖技术 [J]. 浙江林业科技, 2004, 5: 24-26.

[4] 韦如萍, 晏姝, 郑会全, 等. 乐昌含笑种源和家系性状变异及综合评价 [J]. 中南林业科技大学学报, 2023, 43(1): 25-32.

[5] 中国科学院中国植物志编辑委员会. 中国植物志·第三十卷（第一分册）[M]. 北京: 科学出版社, 1996.

[6] 周欢, 韦如萍, 李吉跃, 等. 乐昌含笑培育与开发利用研究进展 [J]. 中国野生植物资源, 2022, 41(9): 61-66.

黧蒴锥 *Castanopsis fissa* (Champion ex Bentham) Rehder et E. H. Wilson

壳斗科 Fagaceae | 锥属 *Castanopsis*

别名：黧蒴，裂壳椆，大叶椆

形态特征

常绿乔木，高达 10 m，稀达 20 m，胸径可达 0.6 m。芽鳞、新生枝顶段及嫩叶背面均被红锈色细片状腊鳞及棕黄色微柔毛。雄花多为圆锥花序。果序长 8~18 cm。壳斗被暗红褐色粉末状蜡鳞，小苞片鳞片状，三角形或四边形，幼嫩时覆瓦状排列，成熟时多退化并横向连接成脊肋状圆环，成熟壳斗圆球形或宽椭圆形，顶部稍狭尖，通常全包坚果，壳壁厚 0.5~1 mm，不规则的 2~3（4）瓣裂；坚果圆球形或椭圆形，高 13~18 mm，横径 11~16 mm，顶部四周有棕红色细伏毛。

花果期

花期 4~6 月，果期 10~12 月。

地理分布

广东：大部分地区。

国内：广东、广西、海南、云南、贵州、福建、江西、湖南。

国外：越南。

生态特性

生于海拔约 1 600 m 以下山地疏林中，阳坡较常见。

木材特性

心材淡黄棕色，边材色淡，木材弹性大，质较轻软，结构细致，易加工，干燥时较易爆裂且稍有变形，不耐水湿，易为虫、蚁蛀蚀，适作一般的门、窗、家具与箱板用材，山区群众用以放养香菇及其他食用菌类。

其他

耐干旱、耐瘠薄，适应性强、生长速度快、萌芽力强，多作为薪炭林、短轮伐期人工林和纸浆林培育，也是改良和营造水源涵养林、生态公益林的优良乡土阔叶树种。目前在其栽培技术、林分质量提升、人工林生态效益等方面展开了相关研究。

参考文献

[1] 陈良喜. 鳞苞锥马尾松混交林涵养水源功能的研究[J]. 浙江林业科技, 2014, 34(5): 48−52.

[2] 佘汉基. 山杜英和鳞苞锥人工林生态系统碳和养分储量研究[D]. 广州：华南农业大学, 2018.

[3] 宋倩, 卜朝阳, 卢家仕, 等. 不同基肥处理对鳞苞栲幼苗生理特性的影响[J]. 农学学报, 2015, 5(6): 52−58.

[4] 许伟兵, 李保彬, 庞晓峰, 等. 鳞苞萌芽林改造中树种生长与林分结构的关系分析[J]. 林业与环境科学, 2019, 35(3): 1−6.

[5] 中国科学院中国植物志编辑委员会. 中国植物志·第二十二卷[M]. 北京：科学出版社, 1998.

楝
Melia azedarach L.

楝科 Meliaceae | 楝属 *Melia*

别名：楝树，苦楝

形态特征
落叶乔木，高达 10 余米，胸径可达 1 m。树皮灰褐色，纵裂。叶为 2~3 回奇数羽状复叶，长 20~40 cm；小叶对生，卵形、椭圆形至披针形，长 3~7 cm，宽 2~3 cm，先端短渐尖，基部楔形或宽楔形，多少偏斜，边缘有钝锯齿，侧脉每边 12~16 条。圆锥花序；花芳香；花萼 5 深裂，裂片卵形或长圆状卵形；花瓣淡紫色，倒卵状匙形，长约 1 cm，两面均被微柔毛；雄蕊管紫色，长 7~8 mm；花柱不伸出雄蕊管。核果球形至椭圆形，长 1~2 cm，宽 8~15 mm。种子椭圆形。

花果期
花期 4~9 月，果期 10~12 月。

地理分布
广东：广州、始兴、仁化、翁源、乳源、南雄、深圳、珠海、汕头、徐闻、肇庆、鼎湖、怀集、封开、龙门、梅州、平远、蕉岭、陆丰、河源、阳山、英德、饶平、新兴。

国内：黄河以南各地常见。

国外：广布于亚洲热带和亚热带地区，温带地区也有栽培。

生态特性
生于低海拔旷野、路旁或疏林中，在湿润的沃土上生长迅速，对土壤要求不严，在酸性土、中性土与石灰岩地区均能生长，是平原及低海拔丘陵区的良好造林树种，在村边路旁种植更为适宜。

木材特性

边材黄白色,心材黄色至红褐色,纹理粗而美,质轻软,有光泽,施工易,是家具、建筑、农具、舟车、乐器等的良好用材。

其他

目前研究集中在遗传资源和基因改良、活性物质在植物病虫防治中的应用等。

参考文献

[1] 白成科. 苦楝不同部位挥发油成分的气相色谱-质谱分析 [J]. 天然产物研究与开发, 2008 (4): 91-95.

[2] 蔡金峰, 杨晓明, 郁万文, 等. 基于苦楝转录组测序的 SSR 分子标记开发 [J]. 林业科学, 2021, 57(6): 85-92.

[3] 曹建新, 苏文华, 张磊, 等. 不同土壤条件下苦楝生长特征比较 [J]. 西南林学院学报, 2009, 29(2): 83-85.

[4] 程诗明, 顾万春. 苦楝聚合群体遗传多样性研究与核心种质构建 [M]. 北京: 科学出版社, 2014.

[5] 程诗明, 顾万春. 苦楝遗传资源学研究进展及其展望 [J]. 浙江林业科技, 2007, 27(2):6.

[6] 于振群. 苦楝半同胞家系子代测定与选择研究 [D]. 泰安: 山东农业大学, 2024.

[7] 曾东东. 家具用苦楝集成材的研究 [D]. 南京: 南京林业大学, 2011.

[8] 张国栓, 王少波, 刘顺国. 河南省苦楝基因资源及其遗传改良策略研究 [J]. 河南林业科技, 2009, 29(3): 2.

[9] 中国科学院中国植物志编辑委员会. 中国植物志·第四十三卷 [M]. 北京: 科学出版社, 1997.

岭南青冈

Quercus championii Benth.

壳斗科 Fagaceae | 栎属 *Quercus*

别名：岭南椆，黄背青冈

形态特征

常绿乔木，高达 20 m，胸径可达 1 m。树皮暗灰色，薄片状开裂。小枝有沟槽，密被灰褐色星状茸毛。叶片厚革质，倒卵形有时为长椭圆形，长 3.5~10 (13) cm，宽 1.5~4.5 cm，叶面深绿色，叶背密生星状茸毛，中央呈一鳞片状，覆以黄色粉状物，毛初为黄色，后变为灰白色；叶柄长 0.8~1.5 cm，密被褐色茸毛。雄花序长 4~8 cm，全体被褐色茸毛；雌花序长达 4 cm，有花 3~10 朵，被褐色短茸毛。壳斗碗形，包着坚果 1/4~1/3，直径 1~1.3 (2) cm，高 0.4~1 cm，内壁密被苍黄色茸毛，外壁被褐色或灰褐色短茸毛。小苞片合生成 4~7 条同心环带，环带通常全缘。坚果宽卵形或扁球形，直径 1~1.5 (1.8) cm，高 1.5~2 cm。

花果期

花期 12 月至翌年 3 月，果期翌年 11~12 月。

地理分布

广东：新丰、深圳、电白、怀集、封开、龙门、紫金、阳春、饶平。

国内：广东、广西、香港、海南、福建、江西、台湾。

生态特性

生于海拔 100~1 700 m 的森林中。

木材特性

　　树干直，出材率高，木材带灰色，纹理直，结构细致，坚韧有弹性，耐冲击，可作桩柱、车船、工具柄等用材。

其他

　　我国东南地区亚热带常绿阔叶林重要组成树种之一。目前有岭南青冈和福建青冈的谱系地理比较研究，结果表明岭南青冈起源于我国西南和越南北部，其通过营养和繁殖器官发育的调控来适应环境的异质性。

参考文献

[1] 姜小龙. 岭南青冈和福建青冈的比较谱系地理学研究 [D]. 上海：上海辰山植物园，2017.
[2] 中国科学院中国植物志编辑委员会. 中国植物志·第二十二卷 [M]. 北京：科学出版社，1998.

陆均松

Dacrydium pectinatum de Laub.　　　罗汉松科 Podocarpaceae　｜　陆均松属 *Dacrydium*

别名：山松，红松

形态特征

乔木，高达 30 m，胸径达 1.5 m。树皮幼时灰白色或淡褐色，老则变为灰褐色或红褐色，稍粗糙，有浅裂纹。大枝轮生，多分枝。叶二型，螺旋状排列，微具四棱，基部下延；幼树、萌生枝或营养枝上之叶较长，镰状针形，长 1.5~2 cm，先端渐尖；老树或果枝之叶较短，钻形或鳞片状，长 3~5 mm，有显著的背脊，先端钝尖向内弯曲。雄球花穗状，长 8~11 mm；雌球花单生枝顶。种子卵圆形，长 4~5 mm，径约 3 mm，先端钝，横生于较薄而干的杯状假种皮中，成熟时红色或褐红色。

花果期

花期 3 月，果期 10~11 月。

地理分布

广东：广州、阳春、湛江栽培。

国内：海南。

国外：越南、柬埔寨、泰国。

生态特性

生于湿热森林坡地，常与针叶树、阔叶树种混生成林或成块状纯林。

木材特性

树干挺直，生长颇快，出材率高，木材浅黄褐色，略带微红，木材纹理直，结构细密，比重 0.60~0.71，心边材区别不明显，可供建筑及造船等用。

其他

研究主要为其遗传多样性、木材解剖、种子雨和土壤种子库特征、核型分析、染色体基因组序列等。

参考文献

[1] 侯嵩生, 王国亮, 夏克敏. 陆均松植物中蜕皮激素的分离与鉴定 [J]. Journal of Integrative Plant Biology, 1982 (4): 55-62.

[2] 鹿文举, 李兆基, 宋希强, 等. 陆均松 (*Dacrydium pierrei*) 染色体压片技术优化及核型分析 [J]. 分子植物育种, 2020, 18(15): 7.

[3] 苏应娟, 王艇, 黄超, 等. 陆均松不同居群的 RAPD 分析 [J]. 中山大学学报 (自然科学版), 1999, 38(1): 4.

[4] 吴春燕, 陈永富, 陈巧, 等. 海南霸王岭陆均松种子雨和土壤种子库特征 [J]. 热带亚热带植物学报, 2018, 26(1): 11.

[5] 杨彦承, 张炜银, 林瑞昌, 等. 海南霸王岭陆均松类热带山地雨林伐后林结构与物种多样性研究 [J]. 林业科学研究, 2008 (1): 7.

[6] 中国科学院中国植物志编辑委员会. 中国植物志·第七卷 [M]. 北京: 科学出版社, 1978.

[7] 周木堂. 陆均松木材解剖及年龄测定研究 [D]. 广州: 中山大学, 2024.

鹿角锥

Castanopsis lamontii Hance

壳斗科 Fagaceae | 锥属 Castanopsis

别名：白椽

形态特征

乔木，高8~15 m，少有达25 m，胸径可达1 m。树皮粗糙，网状交互纵裂，厚达2 cm，内皮暗红褐色。叶厚纸质或近革质，椭圆形、卵形或长圆形，长12~30 cm，宽4~10 cm，全缘或有时在顶部有少数裂齿，成长叶背面带苍灰色；叶柄长1.5~3 cm。雄穗状花序生于当年生枝的顶部叶腋间；雄蕊12枚；雌花序通常在雄花序之上的叶腋间抽出。果序长10~20 cm，散生皮孔；壳斗有坚果通常2~3个，圆球形或近圆球形，连刺径40~60 mm，壳壁厚3~7 mm，很少3~4瓣开裂，刺粗壮，不同程度的合生成刺束，呈鹿角状，或下部合生并连生成鸡冠状4~6个刺环；坚果阔圆锥形，高15~25 mm，密被短伏毛。

花果期

花期3~5月，果期翌年9~11月。

地理分布

广东：连南、连山、龙门、陆丰、南雄、平远、清远、饶平、仁化、乳源、韶关、深圳、始兴、翁源、五华、新丰、信宜、阳春、阳山、英德、郁南、云浮、增城、肇庆、紫金。

国内：广东、广西、福建、江西、湖南、贵州、云南。

国外：越南。

生态特性

生于海拔 500~2 500 m 山地疏林或密林中。

木材特征

环孔材，木材灰黄色至淡棕黄色，坚硬度中等，干时少爆裂，颇耐腐，可用于建筑、家具制作、造船、板材制造等。

其 他

目前研究仅有以下几个方面：营养杯育苗技术、在群落生态中的分布特征、生物量结构及其发挥的作用、叶片的化学成分、种子防御机制等。

参考文献

[1] 郭赋英，钟声祥，楼浙辉. 鹿角锥营养杯育苗技术 [J]. 南方林业科学，2017, 4: 416-419.

[2] 中国科学院中国植物志编辑委员会. 中国植物志·第二十二卷 [M]. 北京：科学出版社，1998.

罗浮锥 *Castanopsis faberi* Hance

壳斗科 Fagaceae | 锥属 *Castanopsis*

别名：狗牙锥，白锥，罗浮栲

形态特征
乔木，高 8~20 m，胸径达 0.45 m。树皮灰褐色，粗糙。叶革质，卵形、狭长椭圆形或披针形，长 8~18 cm，宽 2.5~5 cm，叶缘有裂齿，稀兼有全缘叶，无毛或嫩叶叶背中脉两侧被甚稀疏的长伏毛，且被红棕色或棕黄色较疏散的蜡鳞；叶柄长稀达 1.5 cm。雄花序单穗腋生或多穗排成圆锥花序，雄蕊 12~10 枚；每壳斗有雌花 3 或 2 朵。果序长 8~17 cm；壳斗有坚果 2 个，稀 1 或 3 个，圆球形、阔椭圆形或阔卵形，连刺径 20~30 mm，不规则瓣裂，壳壁厚约 1 mm，刺长 5~10 mm，基部合生或合生至上部，则有如鹿角状分枝；坚果圆锥形。

花果期
花期 4~5 月，果期翌年 9~11 月。

地理分布
广东：大部分地区。
国内：广东、广西、福建、浙江、贵州、江西、湖南、云南、台湾、安徽。
国外：越南、老挝。

生态特性
生于约 2 000 m 以下疏林或密林中，有时成小片纯林。

木材特性
木材淡黄白色，环孔材，纹理直，结构细，坚实耐用，易加工，耐腐，耐水湿，油漆性能好，宜作家具、桥梁、车船、室内装修、体育器械等用材。

其他
亚热带常绿阔叶林优势树种及建群种之一，生长速度快，是我国华南地区优良乡土阔叶用材树种。目前研究多集中于群落特征、林分土壤、育苗技术、木材材性及利用等。

参考文献

[1] 戴辉，曾泉鑫，周嘉聪，等．罗浮栲林土壤微生物碳利用效率对短期氮添加的响应[J]．应用生态学报，2022,33(10): 2611−2618.

[2] 刘衡，潘启龙，唐继新，等．罗浮锥薄木饰面胶合板生产工艺研究[J]．西南林业大学学报（自然科学），2024,44(3): 206−211.

[3] 王梦思，马红亮，官晓辉，等．凋落物和铵态氮添加对亚热带罗浮栲和杉木林土壤碳氮淋溶的影响[J]．林业科学研究，2022,35(6): 35−43.

[4] 吴春生，舒春节，刘苑秋，等．井冈山自然保护区罗浮栲生长过程研究[J]．西南林业大学学报，2015,35(4): 58−61.

[5] 吴越．凋落物和氮添加对罗浮栲林土壤分组碳氮的影响[D]．福州：福建师范大学，2019.

[6] 曾建雄．罗浮锥轻型基质容器育苗关键技术[J]．林业科技情报，2022,54(4): 17−19.

[7] 中国科学院中国植物志编辑委员会．中国植物志·第二十二卷[M]．北京：科学出版社，1998.

[8] 钟美玲．井冈山天然罗浮栲林林分结构研究[D]．南昌：江西农业大学，2014.

落羽杉

Taxodium distichum (L.) Rich.

柏科 Cupressaceae | 落羽杉属 *Taxodium*

别名：落羽松

形态特征

落叶乔木，高达 50 m，胸径可达 2 m。树干基通常膨大，常有屈膝状的呼吸根。树皮棕色，裂成长条片脱落；枝条水平开展，生叶的侧生小枝排成二列。叶条形，扁平，基部扭转在小枝上列成二列，羽状，长 1~1.5 cm，宽约 1 mm，凋落前变成暗红褐色。雄球花卵圆形，在小枝顶端排列成总状花序状或圆锥花序状。球果球形或卵圆形，熟时淡褐黄色，有白粉，径约 2.5 cm；种鳞木质，盾形，顶部有明显或微明显的纵槽。种子不规则三角形，有锐棱，长 1.2~1.8 cm，褐色。

花果期

花期 3~4 月，果期 10 月。

地理分布

广东：珠三角地区栽培。

国内：上海、江苏、浙江、安徽、福建、江西、山东、河南、湖北、湖南、广东、广西、重庆、贵州、云南、台湾栽培。

国外：北美东南部。

生态特性

适生于温暖、湿润和阳光充足的环境，耐寒，忌碱性土，宜于土层深厚、肥沃的酸性壤土中生长。

木材特性

木材心边材区别明显，心材红色或红褐色，边材黄白色或浅黄褐色，质重，纹理直，硬度适中，耐腐力强，可作建筑、电杆、家具、造船等用材。

其他

适应性强、生长快、树形美观。目前已有树种、种源、家系选育、杂交育种、繁殖技术、抗污性和抗病虫害等研究。

参考文献

[1] 胡兴宜，林成军，郑杰，等. 落羽杉优良特性及综合利用研究 [J]. 安徽农业科学，2013, 41(3): 1164–1165+1172.

[2] 柳学军. 落羽杉优良种源选择研究 [D]. 南京：南京林业大学，2007.

[3] 汪贵斌，曹福亮，柳学军，等. 不同落羽杉种源木材化学性质的变异 [J]. 南京林业大学学报（自然科学版），2009, 33(6): 15–19.

[4] 向生权，唐祥佑，彭远航，等. 落羽杉叶片和球果挥发油化学成分及其抗细菌活性 [J]. 热带农业工程，2020, 44(3): 76–80.

[5] 中国科学院中国植物志编辑委员会. 中国植物志·第七卷 [M]. 北京：科学出版社，1978.

壳斗科 Fagaceae | 栎属 Quercus

Quercus acutissima Carr.

麻栎

别名：扁果麻栎，北方麻栎

形态特征

落叶乔木，高达 30 m，胸径可达 1 m。树皮深灰褐色，深纵裂。幼枝被灰黄色柔毛，后渐脱落，老时灰黄色，具淡黄色皮孔。叶片形态多样，通常为长椭圆状披针形，长 8~19 cm，宽 2~6 cm，顶端长渐尖，基部圆形或宽楔形，叶缘有刺芒状锯齿，叶片幼时被柔毛，老时无毛或叶背面脉上有柔毛，侧脉每边 13~18 条；叶柄长 1~3（5）cm，幼时被柔毛，后渐脱落。雄花序常数个集生于当年生枝下部叶腋，有花 1~3 朵，花柱 30 壳斗杯形，包着坚果约 1/2，连小苞片直径 2~4 cm，高约 1.5 cm；小苞片钻形或扁条形，向外反曲，被灰白色茸毛。坚果卵形或椭圆形，直径 1.5~2 cm，高 1.7~2.2 cm，顶端圆形。

花果期

花期 3~4 月，果期翌年 9~10 月。

地理分布

广东：广州、仁化、乳源、新丰、南雄、茂名、封开、龙门、阳山、连山、连南、英德。

国内：广东、广西、海南、辽宁、河北、山西、山东、江苏、安徽、浙江、江西、福建、河南、湖北、湖南、四川、贵州、云南。

国外：朝鲜、日本、越南、印度。

生态特性

生于海拔 60~2 200 m 的山地阳坡，成小片纯林或混交林。

木材特性

边材淡红褐色，心材红褐色，环孔材，气干密度 0.8，材质坚硬，纹理直或斜，耐腐朽，作枕木、坑木、桥梁、地板等用材。

其他

我国传统的优良硬阔叶用材树种。目前研究集中在地理分布、生物学特性、苗木培育、造林经营管理和加工利用等。

参考文献

[1] 陈晓燕. 麻栎营造林技术研究进展 [J]. 中国林副特产, 2020 (5): 96-98.

[2] 刘志龙, 虞木奎, 唐罗忠, 等. 麻栎资源研究进展及开发利用对策 [J]. 中国林副特产, 2009 (6): 93-96.

[3] 吕锋, 解孝满, 韩彪, 等. 基于 SSR 标记的麻栎天然群体遗传多样性分析 [J]. 南京林业大学学报（自然科学版）, 2022, 46(3): 109-116.

[4] 尤禄祥, 李垚, 尹增芳, 等. 中国麻栎研究：种源试验、造林和森林经营 [J]. 世界林业研究, 2017, 30(5): 75-79.

[5] 中国科学院中国植物志编辑委员会. 中国植物志·第二十二卷 [M]. 北京：科学出版社, 1998.

麻楝

Chukrasia tabularis A. Juss.

楝科 Meliaceae | 麻楝属 *Chukrasia*

别名：白椿，毛麻楝

形态特征

乔木，高达 25 m，胸径可达 1.7 m。老茎树皮纵裂。叶通常为偶数羽状复叶，长 30~50 cm，无毛，小叶 10~16 枚；叶柄圆形柱形，长 4.5~7 cm；小叶互生，纸质，卵形至长圆状披针形，长 7~12 cm，宽 3~5 cm，先端渐尖，基部圆形，偏斜；小叶柄长 4~8 mm。圆锥花序顶生；花长 1.2~1.5 cm，有香味；花瓣黄色或略带紫色，长圆形，长 1.2~1.5 cm，外面中部以上被稀疏的短柔毛；雄蕊管圆筒形，顶端近截平，花药 10，椭圆形，着生于管的近顶部。蒴果灰黄色或褐色，近球形或椭圆形，长约 4.5 cm，宽 3.5~4 cm，表面粗糙而有淡褐色的小疣点。种子扁平，椭圆形，直径约 5 mm，有膜质的翅。

花果期

花期 4~5 月，果期 7 月至翌年 1 月。

地理分布

广东：广州、乳源、连州、连南、龙门、深圳、阳江。

国内：广东、广西、海南、云南、西藏。

国外：越南、印度、尼泊尔及马来半岛。

生态特性

生于海拔 380 m 以上的林中。

木材特性

木材黄褐色至暗红褐色，结构均匀细致，材质略重而硬，有香气，心材耐腐，易加工，干燥后稍开裂但不易变形，纵切面光滑、有光泽，横切面纹理五彩缤纷，颇为优美，是家具、建筑、装饰板、雕刻等的上等用材。

其他

树形优美,常用于道路两旁以及园林绿化。目前研究多集中在木材特性、育苗技术、抗性及叶片挥发油成分和光合作用参数等。

参考文献

[1] 蒋桂雄, 朱积余. 广西珍贵树种高效栽培技术(连载) [J]. 广西林业, 2014 (4): 45-46.

[2] 马赛宇, 耿云芬. 麻楝容器育苗技术 [J]. 林业科技通讯, 2015 (4): 28-29

[3] 武冲, 张勇, 仲崇禄. 麻楝种子育苗技术 [J]. 林业实用技术, 2011 (12): 34.

[4] 武冲, 仲崇禄, 张勇, 等. 麻楝生长和光合作用参数种源变异分析 [J]. 热带作物学报, 2014, 35(3): 509-514.

[5] 徐小燕. 不同育苗密度对麻楝生长的影响研究 [J]. 安徽农学通报, 2020, 26(14): 85+159.

[6] 中国科学院中国植物志编辑委员会. 中国植物志·第四十三卷 [M]. 北京: 科学出版社, 1997.

马尾松 *Pinus massoniana* Lamb.

松科 Pinaceae | 松属 *Pinus*

别名：枞松，山松，青松

形态特征

常绿乔木，高达 45 m，胸径可达 1.5 m。树皮红褐色，下部灰褐色，裂成不规则的鳞状块片。树冠宽塔形或伞形。针叶 2 针一束，稀 3 针一束，长 12~20 cm，细柔，两面有气孔线，边缘有细锯齿。雄球花淡红褐色，圆柱形，长 1~1.5 cm，聚生于新枝下部苞腋，穗状，长 6~15 cm；雌球花单生或 2~4 个聚生于新枝近顶端，淡紫红色。球果卵圆形或圆锥状卵圆形，长 4~7 cm，径 2.5~4 cm。种子长卵圆形，长 4~6 mm，连翅长 2~2.7 cm。

花果期

花期 4~5 月，果期翌年 10~12 月。

地理分布

广东：大部分地区。

国内：广东、广西、海南、香港、澳门、福建、贵州、江西、湖南、湖北、云南、安徽、四川、陕西、浙江、江苏、台湾、河南。

国外：越南。

生态特性

喜温暖湿润气候，生于干旱、瘠薄的红壤、石砾土及砂质土，或生于岩石缝中，为荒山恢复森林的先锋树种。

木材特征

心材、边材区别不明显，淡黄褐色，纹理直，结构粗，比重 0.39~0.49，富树脂，耐腐力弱，供建筑、枕木、矿柱、家具及木纤维工业（人造丝浆及造纸）原料等用。

其他

树干可割取松脂，为医药、化工原料，根部树脂含量丰富，树干及根部可培养茯苓、蕈类，供中药及食用，树皮可提取栲胶。目前研究主要包括松病虫害的鉴定与防治、马尾松与其他树种混交林的生态环境及其效应、育苗与造林技术等。

参考文献

[1] 黄建华，谢春俊，韦长江，等. 营造马尾松 - 桉树混交林防治松材线虫病研究进展 [J]. 广西师范大学学报（自然科学版），2023, 41(3): 1-8.

[2] 黄腾华，王军锋，宋恋环，等. 马尾松木材性质特点及改性研究现状 [J]. 世界林业研究，2023, 36(6): 45-50.

[3] 张林林，刘效东，苏艳，等. 马尾松人工林生物量与生产力研究进展 [J]. 生态科学，2018, 37(3): 213-221.

[4] 中国科学院中国植物志编辑委员会. 中国植物志·第七卷 [M]. 北京：科学出版社，1978.

豆科 Fabaceae | 相思树属 Acacia   *Acacia mangium* Willd.

马占相思

别名：大叶相思，旋荚相思树，直干相思树

形态特征

乔木，树高可达 30 m，胸径可达 0.6 m。树皮粗糙，通直主干。叶状柄纺锤形，中部宽，两端收窄，通常长达 25 cm，宽 5~10 cm，表面无毛或披细鳞片。花序为疏散穗状，腋生，下垂，长约 10 cm，花淡黄白色，花丝灰白色或被细软毛，花瓣 5 个，花萼长 0.6~0.8 cm，裂片钝短。成熟荚果螺旋状卷曲，绿色，微木质，长 7~8 cm，宽 3~5 mm。种子黑色有光泽，具黄色珠柄，长约 5 mm。

花果期

花期 9~10 月，果期翌年 5~6 月。

地理分布

广东：珠三角地区栽培。

国内：广东、广西、海南、福建、云南栽培。

国外：澳大利亚、巴布亚新几内亚、印度尼西亚。

生态特性

生于海拔 1 280 m 以下的杂木林内。

木材特性

木材呈淡棕色，易干燥，易加工，可用于胶合板生产，花纹美观，适宜刨切薄单板，油漆性能好，可制家具。

其他

速生丰产树种，我国 1979 年从澳大利亚引种。目前在树木生理、森林生态、种源试验、引种栽培、营养繁殖育苗、造林、木材加工、木材性质等方面均有研究。

参考文献

[1] 李芳，邓桂英. 从文献计量分析看我国马占相思的研究现状 [J]. 广西林业科学，2002, 31(4): 215-217.

[2] 刘福涛，林金国，王水英，等. 马占相思木材和树皮性质研究进展 [J]. 福建林业科技，2007 (1): 149-152+157.

[3] 覃毓，刘云，魏国余，等. 两种相思树种树皮密度、树皮率及木材密度研究 [J]. 安徽农业科学，2013, 41(7): 2993-2994+3133.

[4] 赵仁发，百树园. 常见南方树种汇编 [M]. 重庆：重庆大学出版社，2015.

[5] 周铁烽. 中国热带主要经济树木栽培技术 [M], 北京：中国林业出版社，2001.

米槠

Castanopsis carlesii (Hemsl.) Hayata

壳斗科 Fagaceae | 锥属 *Castanopsis*

别名：米锥，白梼，石槠

形态特征

乔木，高达 20 m，胸径约 0.8 m。叶披针形，长 6~12 cm，宽 1.5~3 cm，或卵形，长 6~9 cm，宽 3~4.5 cm，顶部渐尖或渐狭长尖，基部有时一侧稍偏斜，叶全缘，或兼有少数浅裂齿，嫩叶叶背有红褐色或棕黄色稍紧贴的细片状蜡鳞层，成长叶呈银灰色或多少带灰白色。雄圆锥花序近顶生，雌花的花柱 3 或 2 枚，长约 1/2 mm。壳斗近圆球形或阔卵形，长 10~15 mm，顶部短狭尖或圆，基部圆或近于平坦，外壁有疣状体，或甚短的钻尖状，或部分横向连生成脊肋状，有时位于顶部的为长 1~2 mm 的短刺，被棕黄色或锈褐色毡毛状微柔毛及蜡鳞；坚果近圆球形或阔圆锥形。

花果期

花期 3~6 月，果期翌年 9~11 月。

地理分布

广东：大部分地区。

国内：广东、广西、海南、贵州、福建、江西、湖南、湖北、云南、安徽、四川、浙江、江苏、台湾。

生态特性

生于海拔 1 500 m 以下山地或丘陵常绿或落叶阔叶混交林中。

木材特性

木材通常淡黄色或黄白色、硬重、坚实、耐磨、韧性好，环孔材，生长轮略明显，宽度均匀，为优良纤维材及家具、农具、木模、车辆等的优良用材。

其他

我国重要的用材、生态树种和潜在的木本粮食树种。近年来在土壤微生物、可溶性有机质、群落结构、生物量、酶活性等方面研究较多，但生物学特性及良种选育研究较少，今后可加强种质资源收集评价、遗传改良和良种选育工作。

参考文献

[1] 黄石德，聂森，肖祥希，等. 武夷山米槠群落优势种群生态位与种间联结 [J]. 植物科学学报，2023, 41(3): 291-300.

[2] 李鹏程. 米槠人工林培育技术 [J]. 现代农业科技，2022, 14: 95-97+101.

[3] 潘昕昊，孙荣喜，叶雄英，等. 基于 CNKI 的米槠文献计量学研究分析 [J]. 南方林业科学，2022, 50(4): 53-57.

[4] 张可欣，倪祥银，杜琳，等. 杉木和米槠人工林土壤可溶性碳组分动态及其对凋落叶输入的响应 [J]. 水土保持学报，2023, 37(2): 260-266+274.

[5] 中国科学院中国植物志编辑委员会. 中国植物志·第二十二卷 [M]. 北京：科学出版社，1998.

樟科 Lauraceae | 楠属 *Phoebe*

闽楠

Phoebe bournei (Hemsl.) Yang

别名：竹叶楠，兴安楠木

形态特征

乔木，高达 20 m，胸径可达 2.5 m。老树皮灰白色，幼树带黄褐色。叶披针形或倒披针形，长 7~15 cm，宽 2~3（4）cm，先端渐尖，基部窄楔形，下面被短柔毛，脉上被长柔毛，有时具缘毛，侧脉 10~14 对，横脉及细脉在下面结成网格状。圆锥花序长 3~7（10）cm，常 3 个，最下部分枝长 2~2.5 cm；花被片卵形，两面被毛；雄蕊花丝被毛，第 3 轮花丝基部腺体无柄。果椭圆形或长圆形，长 1.1~1.5 cm，宿存花被片紧贴，被毛。

花果期

花期 4 月，果期 10~11 月。

地理分布

广东：乐昌、连州、始兴、英德、仁化、曲江、南雄、梅州、大埔、德庆、怀集。

国内：广东、广西、海南、湖南、福建、贵州、江西、湖北。

生态特性

生于山地沟谷阔叶林中。

木材特性

木材浅黄色，纹理直，结构细密，芳香耐久，不易变形及虫蛀，是重要建筑和制造高级家具的珍贵用材。

其他

目前研究较多，涉及幼苗的施肥、生长发育与光合作用的调节机制、群落结构与物种分布格局、育苗技术等。

参考文献

[1] 陈桂丹，陈艳，冯沁雄，等. 天然林闽楠木材纤维形态径向变异研究 [J]. 西北林学院学报，2019, 34(4): 217-222.

[2] 邓青珊. 闽楠的现状与保护 [J]. 生命世界，2011, 11: 41-49.

[3] 王通，吴大荣，徐建民，等. 车八岭闽楠种群的现状及保护对策 [J]. 华南农业大学学报，2000, 21(1): 72-74.

[4] 中国科学院中国植物志编辑委员会. 中国植物志·第三十一卷 [M]. 北京：科学出版社，1982.

[5] 朱培琦，何鑫，贾慧文，等. 桢楠和闽楠木材构造特征对比分析研究 [J]. 四川林业科技，2022, 43(6): 48-56.

木荷

Schima superba Gardn. et Champ.

山茶科 Theaceae | 木荷属 *Schima*

别名：荷树，荷木

形态特征

乔木，高约 25 m。叶革质或薄革质，椭圆形，长 7~12 cm，宽 4~6.5 cm，先端尖锐，有时略钝，基部楔形，侧脉 7~9 对，边缘有钝齿；叶柄长 1~2 cm。花生于枝顶叶腋，常多朵排成总状花序，直径约 3 cm，白色，花柄长 1~2.5 cm，纤细；苞片 2，贴近萼片，长 4~6 mm，早落；萼片半圆形，长 2~3 mm，内面有绢毛；花瓣长 1~1.5 cm，最外 1 片风帽状，边缘多少有毛；子房有毛。蒴果，直径 1.5~2 cm。

花果期

花期 6~8 月，果期 9~10 月。

地理分布

广东：大部分地区。

国内：广东、广西、海南、浙江、福建、台湾、江西、湖南、湖北、贵州、安徽。

生态特性

适应性很强，耐阴，抗风，耐干旱瘠薄，红壤、灰棕壤的酸性土都可生长，是荒山造林的先锋树种。

木材特征

木材淡红褐色，纹理直或略斜，结构均匀，干燥后稍有裂隙，材质较重，是建筑、农具、胶合板、纱锭和其他旋刨制品的优良用材。属较长纤维树种，可用于制浆和造纸。

其他

目前有混交林的生长状况、影响因素和效益、防火林的造林技术、轻基质容器培养等研究。

参考文献

[1] 李可见, 白青松, 尧俊, 等. 我国木荷培育和利用研究进展 [J]. 林业与环境科学, 2021, 37(6): 88-195.

[2] 史忠礼. 木荷的生长、利用及其栽培方法 [J]. 林业科学, 1956 (3): 249-256.

[3] 徐祥隆. 水土保持优良树种——木荷 [J]. 中国水土保持, 1985 (8): 39.

[4] 中国科学院中国植物志编辑委员会. 中国植物志·第四十九卷（第三分册）[M]. 北京: 科学出版社, 1998.

木麻黄　*Casuarina equisetifolia* L.

木麻黄科 Casuarinaceae ｜ 木麻黄属 *Casuarina*

别名：驳骨树，马尾树

形态特征
乔木，高达 30 m，胸径可达 0.7 m。树皮在幼树上的赭红色，较薄，皮孔密集排列为条状或块状，老树的树皮粗糙，深褐色，不规则纵裂，内皮深红色。鳞片状叶每轮通常 7 枚，少为 6 或 8 枚，披针形或三角形，长 1~3 mm。花雌雄同株或异株；雄花序几无总花梗，棒状圆柱形，长 1~4 cm，有覆瓦状排列、被白色柔毛的苞片；小苞片具缘毛；花被片 2；雌花序通常顶生于近枝顶的侧生短枝上。球果状果序椭圆形，长 1.5~2.5 cm，直径 1.2~1.5 cm；小苞片变木质，阔卵形，顶端略钝或急尖；小坚果连翅长 4~7 mm，宽 2~3 mm。

花果期
花期 4~5 月，果期 7~10 月。

地理分布
广东：广州、深圳、肇庆、台山、阳春等栽培。

国内：广东、广西、海南、福建、浙江、云南、台湾栽培。

国外：原产澳大利亚和太平洋岛屿，现美洲热带地区和亚洲东南部沿海地区广泛栽植。

生态特性
生于海岸的疏松沙地，在离海较远的酸性土壤亦能生长良好，尤其是在土层深厚、疏松肥沃的冲积土上更为繁茂。

木材特性
木材红棕色，带有浅红灰色射线，材质坚重，但在南方易受虫蛀，且有变形、开裂等缺点，经防腐防虫处理后，可作枕木、船底板、建筑、家具、造纸等用材。

其他

我国20世纪50年代引进的优良树种，是沿海重要的防风林，具有耐盐碱与耐贫瘠等特性，对保护滨海的生态环境有重要作用。目前研究多为根际土壤理化性质、土壤微生物数量和多样性以及繁育技术等。

参考文献

[1] 陈金章. 木麻黄优树无性系与其半同胞家系的生长比较 [J]. 福建林学院学报, 2001, 21(1): 83-85.

[2] 李冠军, 陈珑, 余雯静, 等. 固体培养内生真菌对土壤盐胁迫下木麻黄幼苗渗透调节和抗氧化系统的影响 [J]. 植物生态学报, 2023, 47(6):804-821.

[3] 李建鹃. 不同微生物处理对连栽木麻黄根际土壤的影响 [J]. 林业勘察设计, 2023, 43 (1):10-13.

[4] 林炜良. 福建地区优良抗风短枝木麻黄水培成苗能力初选 [J]. 林业勘察设计, 2023 ,43 (3):78-80.

[5] 潘远智, 赵佳怡, 邬梦晞, 等. 木麻黄属植物对土壤重金属的富集及修复研究进展 [J]. 世界林业研究, 2022, 35(4): 14-19.

[6] 孙战, 王圣洁, 王旭, 等. 木麻黄与根系微生物关系研究进展 [J]. 世界林业研究, 2020, 33(4): 25-30.

[7] 中国科学院中国植物志编辑委员会. 中国植物志·第二十卷（第一分册）[M]. 北京：科学出版社, 1982.

南方红豆杉

Taxus wallichiana var. *mairei* (Lemée & H. Lév.) L. K. Fu & Nan Li

红豆杉科 Taxaceae | 红豆杉属 *Taxus*

别名：血柏，红叶水杉，海罗松

形态特征

乔木，高达 30 m，胸径达 60~100 cm。树皮灰褐色、红褐色或暗褐色，裂成条片脱落。叶排列成两列，多呈弯镰状，通常长 2~3.5（4.5）cm，宽 3~4（5）mm，上部常渐窄，先端渐尖。种子通常较大，微扁，多呈倒卵圆形，上部较宽，稀柱状矩圆形，长 7~8 mm，径约 5 mm，种脐常呈椭圆形。

花果期

花期 4~5 月，果期 6~11 月。

地理分布

广东：乐昌、乳源、连州、连山、连南、仁化、怀集。

国内：广东、广西、安徽、浙江、台湾、福建、江西、湖南、湖北、河南、陕西、甘肃、四川、贵州、云南。

生态特性

常生于海拔 1 000~1 200 m 以上的高山上部。

木材特性

心材橘红色，边材淡黄褐色，纹理直，结构细，比重 0.55~0.76，坚实耐用，干后少开裂，可作建筑、车辆、家具、器具、农具及文具等用材。

其他

生长缓慢，寿命长，是我国特有的珍稀树种。目前研究主要集中在遗传多样性、繁殖技术、生长特性及生态应用等。

参考文献

[1] 陈立新，叶健，占剑锋，等．江西省南方红豆杉资源分布现状与保护对策 [J]．景德镇学院学报，2023，38(6)：47-50+77．

[2] 卢永辉．南方红豆杉扦插繁育技术探讨 [J]．林业科技情报，2019，51(4)：56-58．

[3] 徐雯，瞿印权，张玲玲，等．基于 RAPD 的福建产南方红豆杉遗传多样性研究 [J]．中草药，2017，48(14)：2943-2949．

[4] 中国科学院中国植物志编辑委员会．中国植物志·第七卷 [M]．北京：科学出版社，1978．

漆树科 Anacardiaceae | 南酸枣属 *Choerospondias*

南酸枣

Choerospondias axillaris (Roxb.) B. L. Burtt & A. W. Hill

别名：山枣，五眼果，花心木

形态特征

落叶乔木，高达 8~20 m，胸径可达 1 m。树皮灰褐色，片状剥落。小枝粗壮，暗紫褐色，具皮孔。奇数羽状复叶长 25~40 cm，有小叶 3~6 对；小叶膜质至纸质，卵形或卵状披针形或卵状长圆形，长 4~12 cm，宽 2~4.5 cm，先端长渐尖，基部多少偏斜，阔楔形或近圆形，全缘或幼株叶边缘具粗锯齿。雄花序长 4~10 cm；花瓣长圆形，长 2.5~3 mm，具褐色脉纹，开花时外卷；雄蕊 10，与花瓣近等长；雌花单生于上部叶腋。核果椭圆形或倒卵状椭圆形，成熟时黄色，长 2.5~3 cm，径约 2 cm，果核顶端具 5 个小孔。

花果期

花期 4 月，果期 8~10 月。

地理分布

广东：大部分地区。

国内：广东、广西、西藏、云南、贵州、湖南、湖北、江西、福建、浙江、安徽、四川、甘肃、台湾。

国外：日本、印度及中南半岛等。

生态特性

生于海拔 300~2 000 m 的山坡、丘陵或沟谷林中。

木材特性

心材宽，淡红褐色，边材狭，白色至浅红褐色，花纹美观，刨面光滑，材质柔韧，收缩率小，可加工成工艺品。

其他

我国南方优良速生用材树种。树皮可作为鞣料和栲胶的原料，具有食用、药用、材用、观赏等价值；果实因富含氨基酸、多糖、维生素、有机酸、酚类物质等生物活性物质在药食的加工应用方面得到了广泛研究，如南酸枣果泥、南酸枣乳酸菌饮料、南酸枣糕等产品的开发，栽培繁殖，良种选育等。

参考文献

[1] 黄文辉，马学忠，林朝楷. 南酸枣'林枣 1 号'良种选育 [J]. 林业科技通讯，2022 (5): 57-59.

[2] 聂犇，单承莺，刘藏，等. 南酸枣果皮提取物的抗过敏活性及其在化妆品中的应用研究 [J]. 中国野生植物资源，2022, 41(11): 25-28.

[3] 熊伟，汪加魏，孙荣喜，等. 南酸枣苗木繁育技术研究进展 [J]. 南方林业科学，2023, 51(1): 54-58.

[4] 中国科学院中国植物志编辑委员会. 中国植物志·第四十五卷 [M]. 北京：科学出版社，1980.

南亚松　*Pinus latteri* Mason

松科 Pinaceae ｜ 松属 *Pinus*

别名：南洋二针松，越南松

形态特征

乔木，高达 30 m，胸径可达 2 m。树皮厚，灰褐色，深裂成鳞状块片脱落。针叶 2 针一束，长 15~27 cm，径约 1.5 mm，先端尖，两面有气孔线，边缘有细锯齿。雄球花淡褐红色，圆柱形，长 1~1.8 cm，聚生于新枝下部成短穗状。球果长圆锥形或卵状圆柱形，成熟前绿色，熟时红褐色，长 5~10 cm。种子灰褐色，椭圆状卵圆形，微扁，长 5~8 mm，径约 4 mm，连翅长约 2.5 cm。

花果期

花期 3~4 月，果期翌年 10 月。

地理分布

广东：南部。

国内：广东、广西、海南。

国外：马来半岛、中南半岛及菲律宾和缅甸。

生态特性

海拔 50~1 200 m 丘陵台地及山地。

木材特性

木材富树脂，边材黄色，心材褐红色，结构较细密，材质较坚韧，比重 0.6~0.64，纹理直，耐用，可供建筑、桥梁、电杆、舟车、矿柱 (坑木)、板料、器具、家具及造纸原料等。

其他

适于热带沿海地区栽培，具有抗逆性强、生长快、产脂量高等优点。近年来国内深入研究其木材材性特征、自然群落特征、育苗和松脂提取物，但在良种大径材培育方面的研究尚显薄弱。

参考文献

[1] 陶辉光 . 南亚松造林技术研究 [J]. 海南林业科技 , 1991 (2): 13-16.

[2] 王群 , 李剑碧 , 杨小波 , 等 . 海南霸王岭南亚松群落结构及物种多样性特征 [J]. 热带生物学报 , 2023, 14(6): 585-592.

[3] 徐慧兰 , 陈虎 , 颜培栋 , 等 . 海南南亚松木材材性的研究 [J]. 中南林业科技大学学报 , 2017, 37(5): 92-95.

[4] 中国科学院中国植物志编辑委员会 . 中国植物志·第七卷 [M]. 北京 : 科学出版社 , 1978.

南洋杉科 Araucariaceae | 南洋杉属 Araucaria

Araucaria cunninghamii Sweet

南洋杉

别名：猴子杉，肯氏南洋杉，细叶南洋杉

形态特征

乔木，高达 60~70 m，胸径可达 1 m 以上。树皮灰褐色或暗灰色，粗糙，横裂。叶二型，幼树和侧枝的叶排列疏松，开展、钻状、针状、镰状或三角状，长 7~17 mm，基部宽约 2.5 mm，上面有多数气孔线，下面气孔线不整齐或近于无气孔线；大树及花果枝上之叶排列紧密而叠盖，斜上伸展，微向上弯，卵形、三角状卵形或三角状。雄球花单生枝顶，圆柱形。球果卵形或椭圆形，长 6~10 cm，径 4.5~7.5 cm。种子椭圆形，两侧具结合而生的膜质翅。

花果期

花期 10 月至翌年 1 月，果期 7~9 月。

地理分布

广东：珠三角地区栽培。

国内：广东、福建、江西、陕西栽培。

国外：澳大利亚及南美洲和太平洋群岛。

生态特性

喜光，幼苗喜阴。喜暖湿气候，不耐干旱与寒冷。喜土壤肥沃。生长较快，萌蘖力强，抗风强。

木材特性

木材颜色较浅、纹理清晰且优美、质地坚硬耐用，适合制作高端家具和艺术装饰品，被广泛应用于建筑、室内家具、木工制品和造船等。

其他

目前研究较少，主要集中在引种栽培试验和抗盐胁迫等。

参考文献

[1] 劳家骐. 南洋杉的引种栽培经验 [J]. 广东林业科技, 1980, 2: 1–7.

[2] 梁育勤, 卞阿娜, 陈伯毅, 等. 盐雾胁迫对肯氏南洋杉幼苗生长及离子分布的影响 [J]. 植物生理学报, 2023, 59(9): 1803–1810.

[3] 中国科学院中国植物志编辑委员会. 中国植物志·第七卷 [M]. 北京：科学出版社, 1978.

柠檬桉

Eucalyptus citriodora Hook. f.

桃金娘科 Myrtaceae | 桉属 *Eucalyptus*

别名：靓仔桉

形态特征

乔木，高可达 28 m，胸径可达 1.2 m。树干挺直。树皮光滑，灰白色，大片状脱落。幼态叶片披针形，有腺毛，基部圆形，叶柄盾状着生；成熟叶片狭披针形，宽约 1 cm，长 10~15 cm，两面有黑腺点，揉之有浓厚的柠檬气味；过渡性叶阔披针形，宽 3~4 cm，长 15~18 cm；叶柄长 1.5~2 cm。圆锥花序腋生；花梗长 3~4 mm；花蕾长倒卵形，长 6~7 mm；萼管长 5 mm，上部宽约 4 mm；帽状体长约 1.5 mm。蒴果壶形，长 1~1.2 cm，宽 8~10 mm，果瓣藏于萼管内。

花果期

花期 4~9 月，果期 6~7 月、10~11 月。

地理分布

广东：大部分地区栽培。

国内：广东、广西、海南、香港、浙江、贵州、江西、福建、湖南、云南、四川、台湾栽培。

国外：澳大利亚。

生态特性

最高海拔分布为 600 m，年降水量为 600~1 000 mm，喜湿热和肥沃壤土。

木材特征

木材红色或深粉红色，结构紧密，坚硬耐久，易加工，质稍脆，可用于家具制造、室内装饰、细木工、镶木地板、雕刻、单板、胶合板及建筑用材等，耐海水浸渍，也是造船的好材料。

其他

适应性强,生长迅速,是重要的造林树种。叶片含有柠檬桉叶油,已被广泛应用。目前研究集中在混交林生态效应、病虫害、组培、营林技术等。

参考文献

[1] 陈定如. 垂枝红千层、柠檬桉、窿缘桉、尾叶桉 [J]. 广东园林, 2009, 31(5):75-76.

[2] 陈少雄. 桉树大径材培育——桉树培育的新方向 [J]. 桉树科技, 2002 (1): 6-10.

[3] 中国科学院中国植物志编辑委员会. 中国植物志·第五十三卷(第一分册) [M]. 北京:科学出版社, 1984.

坡垒

Hopea hainanensis Merr. & Chun

龙脑香科 Dipterocarpaceae | 坡垒属 *Hopea*

别名：海南柯比木，海梅，石梓公

形态特征

乔木，具白色芳香树脂，高约 20 m，胸径可达 0.8 m。树皮灰白色或褐色，具白色皮孔。叶近革质，长圆形至长圆状卵形，长 8~14 cm，宽 5~8 cm，先端微钝或渐尖，基部圆形。圆锥花序腋生或顶生，长 3~10 cm，密被短的星状毛或灰色茸毛。花瓣 5 枚，旋转排列，长圆形或长圆状椭圆形，长约 6 mm，宽约 3 mm。果实卵圆形，具尖头，被蜡质；增大的 2 枚花萼裂片为长圆形或倒披针形，长 5~7 cm，宽约 2.5 cm，具纵脉 9~11 条，被疏星状毛。

花果期

花期 6~7 月，果期 11~12 月。

地理分布

广东：广州栽培。
国内：海南。
国外：越南。

生态特性

生于海拔 700 m 左右的密林中。

木材特性

边材黄褐色，心材深黄褐色，木材坚韧，经久耐用，适宜做渔轮的外龙骨、内龙筋、轴套及尾轴筒，亦可作码头桩材、桥梁和其他建筑用材等。

其他

我国珍贵用材树种,为知名的高强度用材。目前研究涉及生物学特性、自然分布区域、野生种群数量、适应性、就地和迁地保护、人工繁育技术和濒危机制等。

参考文献

[1] 成俊卿,李秾,孙成志,等. 中国热带及亚热带木材识别、材性和利用 [M]. 北京:科学出版社,1980.

[2] 李艳朋,许涵,陈洁,等. 极小种群野生植物坡垒的研究现状与展望 [J]. 热带亚热带植物学报 2024, 32(5): 685-694.

[3] 肖云学,殷霖昊,郁文彬,等. 迁地栽培坡垒的种群结构与幼苗更新研究 [J]. 植物科学学报, 2023, 41(5): 604-612.

[4] 曾祥全,田蜜,黄国宁,等. 坡垒与水垒木材的鉴别 [J]. 热带林业, 2021, 49(1): 46-48.

[5] 中国科学院中国植物志编辑委员会. 中国植物志·第五十卷(第二分册)[M]. 北京:科学出版社,1990.

青冈

Quercus glauca Thunb.

壳斗科 Fagaceae | 栎属 *Quercus*

别名：青冈栎，铁稠，紫心木

形态特征

常绿乔木，高达 20 m，胸径可达 1 m。叶片革质，倒卵状椭圆形或长椭圆形，长 6~13 cm，宽 2~5.5 cm，顶端渐尖或短尾状，基部圆形或宽楔形，叶缘中部以上有疏锯齿，侧脉每边 9~13 条，叶背有整齐平伏白色单毛，老时渐脱落，常有白色鳞秕；叶柄长 1~3 cm。雄花序长 5~6 cm，花序轴被苍色茸毛。果序长 1.5~3 cm，着生果 2~3 个。壳斗碗形，包着坚果 1/3~1/2，直径 0.9~1.4 cm，高 0.6~0.8 cm，被薄毛；小苞片合生成 5~6 条同心环带，环带全缘或有细缺刻，排列紧密。坚果卵形、长卵形或椭圆形，直径 0.9~1.4 cm，高 1~1.6 cm。

花果期

花期 4~5 月，果期 10 月。

地理分布

广东：广州、始兴、仁化、翁源、乳源、新丰、乐昌、深圳、肇庆、博罗、大埔、平远、兴宁、连平、阳山、连南、英德、连州、饶平。

国内：广东、广西、江苏、浙江、安徽、福建、江西、河南、湖北、湖南、重庆、四川、贵州、云南、西藏、陕西、甘肃、台湾。

国外：朝鲜、日本、印度。

生态特性

生于海拔 60~2 600 m 的山坡或沟谷。

木材特性

木材带灰色，纹理直，结构细致，坚重有弹性，耐摩擦，耐冲击，气干比重为 0.78~0.81，环孔材，可作桩柱、车船、工具柄等用材。

其他

亚热带常绿阔叶林的重要建群树种，具有重要生态和经济价值。目前对其研究多集中在育苗、木材提取物、木材利用、青冈在群落中的作用等。

参考文献

[1] 陈兴彬，刘子荣，娄永峰，等. 不同处理方式对青冈种子萌发的影响 [J]. 耕作与栽培，2022, 42(6): 19-23+45.

[2] 欧阳泽怡，李志辉，牟虹霖，等. 基于简化基因组开发青冈和滇青冈微卫星引物 [J]. 南京林业大学学报 (自然科学版), 2024(2): 1-13.

[3] 谢福惠，林大新. 壳斗科木材识别和分类 [J]. 广西植物，1984 (3): 203-213.

[4] 中国科学院中国植物志编辑委员会. 中国植物志·第二十二卷 [M]. 北京：科学出版社，1998.

青梅

Vatica mangachapoi Blanco

龙脑香科 Dipterocarpaceae | 青梅属 *Vatica*

别名：青皮

形态特征

乔木，具白色芳香树脂，高约 20 m。小枝被星状茸毛。叶革质，全缘，长圆形至长圆状披针形，长 5~13 cm，宽 2~5 cm，先端渐尖或短尖，基部圆形或楔形，侧脉 7~12 对；叶柄长 7~15 mm，密被灰黄色短茸毛。圆锥花序顶生或腋生，长 4~8 cm，被银灰色的星状毛或鳞片状毛；花萼裂片 5 枚，镊合状排列，卵状披针形或长圆形，不等大，长约 3 mm，宽约 2 mm，两面密被星状毛或鳞片状毛；花瓣 5 枚，白色，有时为淡黄色或淡红色，芳香，长圆形或线状匙形，长约 1 cm，宽约 4 mm，外面密被毛。果实球形；增大的花萼裂片其中 2 枚较长，长 3~4 cm，宽 1~1.5 cm，先端圆形，具纵脉 5 条。

花果期

花期 4~5 月，果期 7~10 月。

地理分布

广东：广州栽培。

国内：广东、海南。

国外：越南、泰国、菲律宾、印度尼西亚、马来西亚。

生态特性

生于海拔 700 m 以下丘陵、坡地林中。

木材特性

心材黄褐色，木质坚硬，耐磨、耐水、耐晒，不易变形，也不易开裂，用途近似坡垒，为优良的渔轮材之一，也可作木梭、制尺、三脚架、枪托以及其他美术工艺品等用材。

其他

目前研究主要集中在野外种植资源调查分析与引种栽培，而优质种源筛选、遗传变异、新育苗技术、大径材培育、土壤微生物及微量元素等方向有待深入研究。

参考文献

[1] 陈伟文，咸华沙，符瑞侃，等.海南岛青梅种质资源调查与种群动态分析[J].分子植物育种，2021，19(14): 4846-4854.

[2] 舒琪，徐瑞晶，胡璇，等.海南岛甘什岭青梅群落主要乔木树种生态位与种间联结[J].生态学杂志，2021, 40(9): 2689-2697.

[3] 中国科学院中国植物志编辑委员会.中国植物志·第五十卷（第二分册）[M].北京：科学出版社，1990.

榆科 Ulmaceae | 青檀属 Pteroceltis

青檀

Pteroceltis tatarinowii Maxim.

别名：翼朴，檀树，摇钱树

形态特征

乔木，高达 20 m 以上，胸径可达 1 m 以上。叶纸质，宽卵形至长卵形，长 3~10 cm，宽 2~5 cm，先端渐尖至尾状渐尖，基部不对称，楔形、圆形或截形，边缘有不整齐的锯齿，基部三出脉；叶柄长 5~15 mm，被短柔毛。翅果状坚果近圆形或近四方形，直径 10~17 mm，黄绿色或黄褐色。

花果期

花期 3~5 月，果期 8~10 月。

地理分布

广东：乐昌、乳源、连山、连南、连州、英德、阳山、封开等。

国内：广东、广西、福建、贵州、江西、湖南、湖北、安徽、四川、甘肃、山东、陕西、浙江、江苏、青海、辽宁、河北、山西、河南。

生态特性

常生于海拔 100~1 500 m 山谷溪边石灰岩山地疏林中。

木材特性

散孔材，材质坚硬，致密，韧性强，耐损，胶粘性良好，是制作农具、车轴、家具、建筑、运动器材的上等木料。

其他

我国特有植物。目前已在种群结构、遗传特征、抗逆性等进行了详细研究，包括形态解剖结构对生境的适应、群落结构和种群分布格局、功能基因发掘与鉴定、种源多样性分析、育苗技术、病虫害防治、内生真菌的筛选等。

参考文献

[1] 柴新义，于士军，罗侠，等. 野生青檀根部真菌的群落组成及多样性 [J]. 森林与环境学报, 2023, 43(5): 530-539.

[2] 蒋银妹，覃勇荣，张燕桢，等. 内生细菌对中国特有植物青檀根际土壤肥力变化的影响 [J]. 农学学报, 2024, 14(2): 42-53.

[3] 王鑫，董谦. 不同青檀种质资源生长及光合特性比较分析 [J]. 河北林业科技, 2024, 1: 17-20.

[4] 中国科学院中国植物志编辑委员会. 中国植物志·第二十二卷 [M]. 北京：科学出版社, 1998.

秋枫 *Bischofia javanica* Blume

叶下珠科 Phyllanthaceae | 秋枫属 *Bischofia*

别名：茄冬，红桐，过冬梨

形态特征

常绿或半常绿大乔木，高达 40 m，胸径可达 2.3 m。三出复叶，稀 5 小叶，总叶柄长 8~20 cm；小叶片纸质，卵形、椭圆形、倒卵形或椭圆状卵形，长 7~15 cm，宽 4~8 cm，顶端急尖或短尾状渐尖，基部宽楔形至钝，边缘有浅锯齿，每 1 cm 长有 2~3 个；顶生小叶柄长 2~5 cm，侧生小叶柄长 5~20 mm；托叶膜质，披针形。花雌雄异株，多朵组成腋生的圆锥花序；雄花序长 8~13 cm，被微柔毛至无毛；雌花序长 15~27 cm，下垂；雄花：直径达 2.5 mm；花丝短；退化雌蕊小，盾状，被短柔毛；雌花：萼片长圆状卵形，内面凹成勺状，外面被疏微柔毛，边缘膜质。果实浆果状，近圆球形，直径 6~13 mm，淡褐色。种子长圆形，长约 5 mm。

花果期

花期 4~5 月，果期 8~10 月。

地理分布

广东：各地均有。

国内：广东、广西、海南、澳门、陕西、江苏、安徽、浙江、江西、福建、台湾、河南、湖北、湖南、四川、贵州、云南。

国外：印度、缅甸、泰国、老挝、柬埔寨、越南、马来西亚、印度尼西亚、菲律宾、日本、澳大利亚和波利尼西亚。

生态特性

常生于海拔 800 m 以下山地潮湿沟谷林中，尤以河边堤岸为多。幼树稍耐阴，喜水湿，在土层深厚、湿润肥沃的砂质壤土生长良好。

木材特性

散孔材，导管管孔较大，管孔 11~12 个 /mm^2，木材红褐色，结构细，质重，坚韧耐用、耐腐、耐水湿，气干比重 0.69，可供建筑、桥梁、车辆、造船、矿柱、枕木等用材。

其他

因其抗性强，在园林绿化中应用广泛，近年来已成为生态景观和水土保持优良树种。

参考文献

[1] 余剑明, 牛佳慧, 姜淑华, 等. 不同基质对秋枫全冠苗生长及生理指标的影响 [J]. 福建热作科技, 2017, 42(4): 12-14.

[2] 中国科学院中国植物志编辑委员会. 中国植物志·第四十四卷（第一分册）[M]. 北京: 科学出版社, 1994.

[3] 周强英, 黄泽梅, 陈瑶, 等. 秋枫对 Pb 和 Cd 复合胁迫的耐受及累积特性 [J]. 西南师范大学学报（自然科学版）, 2020, 45(7): 42-46.

人面子

Dracontomelon duperreanum Pierre   漆树科 Anacardiaceae | 人面子属 *Dracontomelon*

别名：银莲果，人面树

形态特征

常绿乔木，具板根，高达20余米，胸径可达1.5 m。奇数羽状复叶长30~45 cm，有小叶5~7对，叶轴和叶柄具条纹，疏披毛；小叶互生，近革质，长圆形，自下而上逐渐增大，长5~14.5 cm，宽2.5~4.5 cm，先端渐尖，基部常偏斜，阔楔形至近圆形，全缘。圆锥花序顶生或腋生，长10~23 cm；花白色，花瓣披针形或狭长圆形，长约6 mm，宽约1.7 mm。核果扁球形，长约2 cm，径约2.5 cm，成熟时黄色，果核压扁，上面盾状凹入，5室。种子3~4粒。

花果期

花期5月，果期7~8月。

地理分布

广东：广州、博罗、茂名、深圳、郁南等。

国内：广东、广西、云南。

国外：越南。

生态特性

生于海拔90~350 m的林中、平原、丘陵、村旁、河边、池畔等处。

木材特性

心边材区别明显，心材暗褐色，略似核桃木，边材灰黄色或浅玫瑰色，致密而有光泽，耐腐力强，为制车船、建筑与家具的优良用材。

其他

岭南地区重要园林绿化植物。目前在育苗技术、树皮和叶片中化学成分等生物学、生理生态特性与生态效益以及病害等方面研究较多。

参考文献

[1] 高鑫, 黄塞北, 袁奇超, 等. 人面子木材干燥特性及干燥工艺初探 [J]. 林业科技开发, 2012, 26(2): 108-110.

[2] 吴建宇, 蔡益航, 陈强. 人面子播种育苗技术研究 [J]. 安徽农学通报, 2017, 23(19): 87, 103.

[3] 一帆. 人面子 [J]. 食品与生活, 2019, 8: 61.

[4] 余志满. 园林绿化的理想树种——人面子 [J]. 广东园林, 1987, 2: 45.

[5] 中国科学院中国植物志编辑委员会. 中国植物志·第四十五卷（第一分册）[M]. 北京: 科学出版社, 1980.

日本柳杉

Cryptomeria japonica (L. f.) D. Don

柏科 Cupressaceae | 柳杉属 *Cryptomeria*

别名：孔雀松，猴抓杉，狼尾柳杉

形态特征

乔木，高达 40 m，胸径可达 2 m 以上。树皮红褐色，纤维状，裂成条片状落脱。大枝常轮状着生，水平开展或微下垂，树冠尖塔形。小枝下垂，当年生枝绿色。叶钻形，直伸，先端通常不内曲，锐尖或尖，长 0.4~2 cm，基部背腹宽约 2 mm，四面有气孔线。雄球花长椭圆形或圆柱形，长约 7 mm，径 2.5 mm，雄蕊有 4~5 花药，药隔三角状；雌球花圆球形。球果近球形，稀微扁，径 1.5~2.5 cm，稀达 3.5 cm；种鳞 20~30 枚，上部通常 4~5（7）深裂，裂齿较长，窄三角形，长 6~7 mm，鳞背有一个三角状分离的苞鳞尖头，先端通常向外反曲，能育种鳞有 2~5 粒种子。种子棕褐色，椭圆形或不规则多角形，长 5~6 mm，径 2~3 mm，边缘有窄翅。

花果期

花期 4 月，果期 10 月。

地理分布

广东：广州、始兴、乐昌、肇庆、阳山、乳源、连州、连山、连南、翁源、新丰、连平、和平、龙门栽培。

国内：山西、上海、江苏、浙江、安徽、福建、江西、山东、河南、湖北、湖南、广东、广西、重庆、四川、贵州、云南、陕西、甘肃、台湾。

国外：日本。

生态特性

适生于温暖湿润气候，耐寒，畏高温炎热，忌干旱，以深厚肥沃、排水良好的砂质壤土为宜，积水时易烂根。

木材特性

心材淡红色，边材近白色，材质较轻软，纹理直，具有一定耐腐性，易加工，作建筑、桥梁、造船、家具等用材。在使用中会散发微淡的清香，近年来作为健康建材获得人们的喜爱。

其他

目前研究主要集中在栽培繁殖技术、木材特性及其相关影响因素分析、造林成效、群落生长分析等。

参考文献

[1] 白天军, 刘苑秋, 温林生, 等. 庐山日本柳杉早材与晚材年轮宽度对气候变化的响应 [J]. 北京林业大学学报, 2020, 42(9): 61-69.

[2] 白天军. 基于同位素的庐山日本柳杉年轮生长及其对环境变化的响应 [D]. 南昌：江西农业大学, 2024.

[3] 邓文平, 郭锦荣, 邹芹, 等. 庐山日本柳杉林下穿透雨时空分布特征 [J]. 生态学报, 2021, 41(6): 2428-2438.

[4] 杜有新, 朱国芳. 日本柳杉生长及生物量的调查分析 [J]. 江西林业科技, 1992, 2: 9-11.

[5] 卢赐鼎, 谢伟伟, 黄会发, 等. 柳杉不同地理种源无性系生长性状及综合评价 [J]. 福建农林大学学报（自然科学版）, 2023, 52(6): 813-819.

[6] 中国科学院中国植物志编辑委员会. 中国植物志·第七卷 [M]. 北京：科学出版社, 1978.

山棟

Aphanamixis polystachya (Wall.) R. N. Parker

楝科 Meliaceae | 山棟属 *Aphanamixis*

别名：穗花树兰，假油桐，大叶沙罗

形态特征

乔木，高 20~30 m。叶为奇数羽状复叶，长 30~50 cm，有小叶 9~11(15) 片；小叶对生，长椭圆形，长 18~20 cm，宽约 5 cm，侧脉每边 11~12 条，纤细，边全缘。雄花组成穗状花序复排列成广展的圆锥花序，雌花组成穗状花序；花球形，花蕾时直径 2~3 mm，下有小苞片 3；萼 4~5，圆形，直径 1~1.5 mm；花瓣 3，圆形，直径约 3 mm，凹陷；雄蕊管球形。蒴果近卵形，长 2~2.5 cm，直径约 3 cm，熟后橙黄色，开裂为 3 果瓣。种子有假种皮。

花果期

花期 5~9 月，果期 10 月至翌年 4 月。

地理分布

广东：广州、深圳、珠海、肇庆、阳江、化州、信宜、茂名、湛江、廉江、徐闻。

国内：广东、广西、海南、福建、云南、台湾。

国外：印度、马来西亚、越南、印度尼西亚。

生态特性

生于低海拔森林中。

木材特性

木材心边材区别明显，心材浅红褐色，边材灰红褐色微黄色，散孔材，材质坚硬，纹理略斜，结构细而均匀，可作建筑、造船、上等家具等用材。

其他

山棟属是植物化学研究的关注焦点,其种子、树皮、叶子、果实等作为植物药已在民间广泛使用。目前研究集中在药用价值开发利用,优质种源筛选、育苗技术、生态服务功能、土壤微生物及微量元素等方面的研究有待深入开展。

参考文献

[1] 樊世瑞,蔡洁云,杨碧娟,等.山棟中杀虫活性化学成分的提取与研究[J].云南民族大学学报(自然科学版),2019,28(1):5-8+15.

[2] 米贺.山棟叶化学成分及活性研究[D].石家庄:河北医科大学,2023.

[3] 中国科学院中国植物志编辑委员会.中国植物志·第四十三卷(第三分册)[M].北京:科学出版社,1997.

杉木 *Cunninghamia lanceolata* (Lamb.) Hook.

柏科 Cupressaceae | 杉木属 *Cunninghamia*

别名：刺杉，正杉，沙木

形态特征

乔木，高达 30 m，胸径可达 3 m。树皮灰褐色，裂成长条片脱落，内皮淡红色。叶在主枝上辐射伸展，侧枝之叶基部扭转成二列状，披针形或条状披针形，通常微弯、呈镰状、革质、坚硬，长 2~6 cm，宽 3~5 mm，边缘有细缺齿，先端渐尖，稀微钝，上面深绿色，有光泽，除先端及基部外两侧有窄气孔带，下面淡绿色，沿中脉两侧各有 1 条白粉气孔带。雄球花圆锥状，长 0.5~1.5 cm；雌球花单生或 2~3(4) 个集生。球果卵圆形，长 2.5~5 cm，径 3~4 cm。种子扁平，两侧边缘有窄翅，长 7~8 mm，宽约 5 mm。

花果期

花期 4 月，果期 10 月。

地理分布

广东：山区县广布。

国内：广东、广西、海南、福建、贵州、江西、重庆、湖南、湖北、云南、安徽、四川、甘肃、陕西、浙江、江苏、河南。

国外：越南。

生态特性

生于海拔 700~2 500 m 山地林中。

木材特性

木材黄白色，有时心材带淡红褐色，质较软，细致，有香气，纹理直，易加工，比重0.38，耐腐力强，供建筑、桥梁、造船、矿柱、木桩、家具及木纤维工业原料等用。

其他

我国南方特有的速生丰产树种。目前研究集中在种源、生理特性、混交种植、森林培育、木材特性、环境胁迫、土壤微生物和碳汇等。

参考文献

[1] 陈美香, 叶义全, 许珊珊, 等. 杉木组培苗增殖光环境优化 [J]. 森林与环境学报, 2023, 43(4): 380-387.

[2] 蒋宗梁, 郑德国. 杉木无性繁殖方法研究 [J]. 湖北林业科技, 1994, 4: 1-11.

[3] 施恭明. 杉木人工林培育研究进展 [J]. 林业勘察设计, 2010 (1): 58-60.

[4] 中国科学院中国植物志编辑委员会. 中国植物志·第七卷 [M]. 北京：科学出版社, 1978.

[5] 朱义林, 楼浙辉, 肖相元, 等. 杉木发展现状调研与分析——以江西省靖安县为例 [J]. 南方林业科学, 2021, 49(2): 20-25.

深山含笑

Michelia maudiae Dunn

木兰科 Magnoliaceae | 含笑属 *Michelia*

别名：莫夫人含笑花，光叶白兰花

形态特征

乔木，高达 20 m。树皮薄、浅灰色或灰褐色。芽、嫩枝、叶下面、苞片均被白粉。叶革质，长圆状椭圆形，很少卵状椭圆形，长 7~18 cm，宽 3.5~8.5 cm，先端骤狭短渐尖或短渐尖而尖头钝，基部楔形，阔楔形或近圆钝，上面深绿色，有光泽，下面灰绿色，被白粉，侧脉每边 7~12 条，直或稍曲，至近叶缘开叉网结、网眼致密。叶柄长 1~3 cm。花梗具 3 环状苞片脱落痕，佛焰苞状苞片淡褐色，薄革质，长约 3 cm；花芳香，花被片 9，纯白色，基部稍呈淡红色，外轮的倒卵形，长 5~7 cm，宽 3.5~4 cm，顶端具短急尖，基部具长约 1 cm 的爪，内两轮则渐狭小；近匙形，顶端尖。聚合果长 7~15 cm，蓇葖长圆体形、倒卵圆形、卵圆形、顶端圆钝或具短突尖头。种子红色，斜卵圆形，长约 1 cm，宽约 5 mm，稍扁。

花果期

花期 2~3 月，果期 9~10 月。

地理分布

广东：大部分地区。

国内：广东、广西、香港、浙江、福建、湖南、贵州。

生态特性

生于海拔 600~1 500 m 的密林中。

木材特性

木材浅青灰色，纹理直，结构细，质地好，材质轻韧，纹理细密，具良好的耐腐性，易加工，作家具、板料、绘图版、细木工用材。

其他

我国南方重要的造林树种。目前研究集中在育苗造林技术、嫁接技术、叶片气孔分布、花的生长生理、光合作用生理特性、种子萌发特性、幼苗生长特性与规律、胁迫因子分析探究以及引种试验等。

参考文献

[1] 罗奋容. 深山含笑育苗技术研究 [J]. 安徽农业科学，2015, 43(15): 171-173.

[2] 汪雪文. 深山含笑苗木培育技术 [J]. 林业实用技术，2006 (12): 39-40.

[3] 浙江省乡土优良速生树种协作组. 深山含笑等十一个乡土优良速生树种适生条件、采种育苗技术介绍 [J]. 浙江林业科技，1983, 1: 11-28.

[4] 周运强. 广东含笑属主要树种木材比较解剖 [J]. 广东林业科技，1991, 4: 7-10.

松科 Pinaceae | 松属 *Pinus*　　　*Pinus elliottii* Engelmann

湿地松

别名：美国松

形态特征

乔木，高达 30 m，胸径可达 0.9 m。树皮灰褐色或暗红褐色，纵裂成鳞状块片剥落。小枝粗壮，橙褐色，后变为褐色至灰褐色，鳞叶上部披针形，淡褐色，边缘有睫毛。针叶 2~3 针一束并存，长 18~25 cm，稀达 30 cm，径约 2 mm，深绿色，有气孔线，边缘有锯齿。球果圆锥形或窄卵圆形，长 6.5~13 cm，径 3~5 cm；鳞脐瘤状，宽 5~6 mm，先端急尖。种子卵圆形，微具 3 棱，长约 6 mm，黑色，有灰色斑点，种翅长 0.8~3.3 cm。

花果期

花期 3~4 月，果期翌年 10~11 月。

地理分布

广东：各地广泛栽种。

国内：广东、广西、海南、福建、江西、湖南、湖北、云南、北京、安徽、四川、陕西、浙江、江苏、台湾栽培。

国外：美国东南部暖带潮湿的低海拔地区。

生态特性

生于低山丘陵地带，耐水湿。

木材特性

心边材区别不明显，淡黄褐色，木材纹理直，能满足多种工业用材需要，是锯材、纸浆材（高级纸张和人造丝浆粕）、胶合板工业的重要原料，也是坑木、枕木、水工、造船、桅杆、桩柱、箱板、家具等适用之材。

其他

我国长江以南常用造林树种。目前研究主要集中在组织培养、育种、林产品生产利用、森林林分碳动态等。与国外研究热点相比，当前国内研究更着重关注其产脂性状、木材利用等经济效益，而对其光合作用和碳动态方面的研究关注度需进一步提高。

参考文献

[1] 贾婷, 宋武云, 关新贤, 等. 湿地松针叶功能性状及其对磷添加的响应 [J]. 南京林业大学学报(自然科学版). 2021, 45(6): 65-71.

[2] 沈健, 何宗明, 邰士垒, 等. 去除根系或枯落物对湿地松和尾巨桉人工林土壤碳氮库的影响 [J]. 中南林业科技大学学报. 2023, 43(2): 114-123.

[3] 宋武云, 张露, 易敏, 等. 湿地松研究文献计量分析——基于CNKI和WOS数据库 [J]. 南方林业科学, 2020, 48(6): 64-68.

[4] 张文娟, 谷振军, 胡珊, 等. 湿地松木质部和针叶松脂合成基因分析 [J]. 热带亚热带植物学报. 2023, 31(4): 531-540.

[5] 中国科学院中国植物志编辑委员会. 中国植物志·第七卷 [M]. 北京: 科学出版社, 1978.

栓皮栎
Quercus variabilis Blume

壳斗科 Fagaceae | 栎属 Quercus

别名：塔形栓皮栎

形态特征
落叶乔木，高达 30 m，胸径达 1 m 以上。树皮黑褐色，深纵裂，木栓层发达。叶片卵状披针形或长椭圆形，长 8~15（20）cm，宽 2~6（8）cm，顶端渐尖，基部圆形或宽楔形，叶缘具刺芒状锯齿，叶背密被灰白色星状茸毛，侧脉每边 13~18 条，直达齿端；叶柄长 1~3（5）cm，无毛。雄花序长达 14 cm，花序轴密被褐色茸毛，花被 4~6 裂；雌花序生于新枝上端叶腋。壳斗杯形，包着坚果 2/3，连小苞片直径 2.5~4 cm，高约 1.5 cm；小苞片钻形，反曲，被短毛。坚果近球形或宽卵形，径约 1.5 cm。

花果期
花期 3~4 月，果期翌年 9~10 月。

地理分布
广东：乳源、乐昌、连州、阳山、南雄。

国内：广东、广西、辽宁、河北、山西、陕西、甘肃、山东、江苏、安徽、浙江、江西、福建、台湾、河南、湖北、湖南、四川、贵州、云南。

生态特性
常生于海拔 800 m 以下的阳坡，西南地区可达海拔 2 000~3 000 m。

木材特性
边材淡黄色，心材淡红色，环孔材，气干密度 0.87，木栓层发达，是我国生产软木的主要原料。

其他
我国分布广泛，主要种植在暖温带和亚热带地区。树皮含蛋白质 10.56%，栎实含淀粉 59.3%，壳斗、树皮富含单宁，可提取栲胶，也可应用在木材、薪炭甚至可用来作食用菌。目前在生物生态学特性、地理分布、资源培育、综合利用等方面进行了大量研究。

参考文献
[1] 李青辉，孙向宁，茹豪. 栓皮栎天然更新研究进展 [J]. 温带林业研究, 2022, 5(2): 36-38.

[2] 张江，李辉. 栓皮栎研究进展与未来展望 [J]. 现代园艺, 2019 (24): 208-209.

[3] 中国科学院中国植物志编辑委员会. 中国植物志·第二十二卷 [M]. 北京：科学出版社, 1998.

[4] 周建云，林军，何景峰，等. 栓皮栎研究进展与未来展望 [J]. 西北林学院学报, 2010, 25(3): 43-49.

壳斗科 Fagaceae ｜ 水青冈属 Fagus

水青冈
Fagus longipetiolata Seem.

形态特征

落叶乔木，高达 25 m，胸径可达 1 m。小枝的皮孔狭长圆形或兼有近圆形。叶长 9~15 cm，宽 4~6 cm，顶部短尖至短渐尖，基部宽楔形或近圆形，有时一侧较短且偏斜，叶缘波浪状，有短的尖齿，侧脉每边 9~15 条，直达齿端，开花期的叶沿叶背中、侧脉被长伏毛，其余被微柔毛；叶柄长 1~3.5 cm。总梗长 1~10 cm；壳斗 4（3）瓣裂，裂瓣长 20~35 mm，稍增厚的木质；小苞片线状，向上弯钩，位于壳斗顶部的长达 7 mm，下部的较短，与壳壁相同均被灰棕色微柔毛，壳壁的毛较长且密，通常有坚果 2 个；坚果比壳斗裂瓣稍短或等长，脊棱顶部有狭而略伸延的薄翅。

花果期

花期 4~5 月，果期 9~10 月。

地理分布

广东：乐昌、乳源、连州、连南、英德、阳山、和平、怀集。

国内：广东、广西、福建、陕西、浙江、贵州、江西、湖北、湖南、云南、安徽、四川。

生态特性

生于海拔 300~2 400 m 山地杂木林中，多见于向阳坡地，与常绿或落叶树混生，常为上层树种。

木材特性

心边材区别不明显，心材浅红褐色，有光泽，生长轮不明显，轮间界以深色带，可作高级家具、单板及胶合板、乐器用材、运动器械、车辆、船舶、文具、仪器箱盒、建筑及纸浆材等。

其他

目前研究主要集中在植物分类、群落结构及多样性、种群空间分布格局、幼苗生长等。

参考文献

[1] 梁钰，杨晓溪，张晓雅，等.中国水青冈属植物分类及分布区界定的分子证据[J].中国科学：生命科学，2022, 52(8): 1292-1300.

[2] 郑德谋，李登江，余德会，等.雷公山自然保护区不同海拔段水青冈群落结构特征研究[J].湖南林业科技，2023, 50(2): 26-32+40.

[3] 中国科学院中国植物志编辑委员会.中国植物志·第二十二卷[M].北京：科学出版社，1998.

台湾翠柏

Calocedrus formosana (Florin) Florin

柏科 Cupressaceae | 翠柏属 *Calocedrus*

别名：黄肉树，肖楠

形态特征

乔木，高 30~35 m，胸径可达 1~1.2 m。树皮红褐色、灰褐色或褐灰色，幼时平滑，老则纵裂。小枝互生，两列状，生鳞叶的小枝直展、扁平、排成平面，两面异形，下面微凹。鳞叶两对交叉对生，小枝上下两面中央的鳞叶扁平，露出部分楔状，先端急尖，长 3~4 mm，两侧之叶对折，瓦覆着中央之叶的侧边及下部，与中央之叶几相等长，较中央之叶的上部为窄，先端微急尖，直伸或微内曲，小枝下面之叶微被白粉或无白粉。雌雄球花分别生于不同短枝的顶端，雄球花矩圆形或卵圆形，长 3~5 mm，黄色。着生雌球花及球果的小枝扁短，其上着生 6~24 对交叉对生的鳞叶，鳞叶背部拱圆或具纵脊；球果矩圆形、椭圆柱形或长卵状圆柱形，熟时红褐色，长 1~2 cm；种鳞 3 对，木质，扁平。种子近卵圆形或椭圆形，微扁，长约 6 mm，暗褐色，上部有两个大小不等的膜质翅。

花果期

花期 2~6 月，果期 8~10 月。

地理分布

广东：珠三角地区栽培。

国内：台湾。

生态特性

常生于海拔 300~1 900 m 地带的温带阔叶林中。多生于含有机质或者腐殖质、日照充足的砂质土壤。

木材特性

边材淡黄褐色，心材黄褐色，板材纹理通直，结构细，有光泽，质稍脆，有香气，耐腐蚀，供建筑、桥梁、板料、家具等用材，木屑可制线香。

其他

目前国内研究仅见李林初等分析了其细胞核形。

参考文献

[1] 李林初，姜家华，王玉勤，等. 三种柏科植物的核型分析 [J]. 云南植物研究，1997, 4: 63-66.

[2] 中国科学院中国植物志编辑委员会. 中国植物志·第七卷 [M]. 北京：科学出版社，1978.

| 楝科 Meliaceae | 桃花心木属 *Swietenia* | *Swietenia mahagoni* (L.) Jacq.

桃花心木

别名：西印度群岛桃花心木，古巴红木

形态特征

常绿乔木，高达 25 m，胸径可达 4 m，基部扩大成板根。树皮淡红色，鳞片状。小叶 4~6 对，革质，斜披针形至斜卵状披针形，长 10~16 cm，宽 4~6 cm，先端长渐尖，基部明显偏斜，全缘或有时具 1~2 个浅波状钝齿，无毛而光亮，叶面深绿色，背面淡绿色，侧脉每边约 10 条。圆锥花序腋生，长 6~15 cm；花具短柄，长约 3 mm；花瓣白色，长 3~4 mm；雄蕊管裂齿短尖。蒴果大，卵状，木质，直径约 8 cm，熟时 5 瓣裂。种子多数，长约 18 mm，连翅长约 7 cm。

花果期

花期 5~6 月，果期 10~11 月。

地理分布

广东：珠三角地区栽培。

国内：广东、广西、海南、福建、台湾、云南栽培。

国外：原产南美洲，现各热带地区均有栽培。

生态特性

适生于土层深厚、富含有机质的砂质壤土，排水需良好，日照需充足。

木材特征

木材色泽鲜艳，褐色带红，坚硬耐久，能防虫蛀，具有花纹，用以制作高级家具，经过加工成薄片，可作镶木和贴面等装饰物。

其他

我国 1935 年前引种，但由于我国与原产地气候差异未能推广。目前研究包括木材材性、木材加工方法、引种技术、种植试验、混交林试验等。

参考文献

[1] 柯欢, 丁岳炼, 陈杰, 等. 珍贵树种大叶桃花心木研究进展 [J]. 防护林科技, 2022 (2): 52-54.

[2] 吴艳华, 贾茹, 任海青, 等. 进口桃花心木木材物理与力学性能评价 [J]. 木材工业, 2019, 33(2): 44-47.

[3] 尹梦婷, 孙照斌, 何璠, 等. 中温热处理桃花心木的物理力学性能 [J]. 林业机械与木工设备, 2019, 47(8): 23-28.

[4] 中国科学院中国植物志编辑委员会. 中国植物志·第四十三卷（第三分册）[M]. 北京: 科学出版社, 1997.

甜槠

Castanopsis eyrei (Champ. ex Benth.) Tutcher

壳斗科 Fagaceae | 锥属 *Castanopsis*

别名：茅丝栗，甜锥，反刺槠

形态特征

乔木，高达 20 m，胸径约 0.5 m。大树的树皮纵深裂，厚达 1 cm，块状剥落。叶革质，卵形、披针形或长椭圆形，长 5~13 cm，宽约 1.5 cm。雄花序穗状或圆锥花序，花被片内面被疏柔毛；雌花的花柱 3 或 2 枚。果序轴横切面径 2~5 mm；壳斗有 1 坚果，阔卵形，顶狭尖或钝，连刺径长 20~30 mm，2~4 瓣开裂，壳壁厚约 1 mm，刺长 6~10 mm，壳斗顶部的刺密集而较短，通常完全遮蔽壳斗外壁，刺及壳壁被灰白色或灰黄色微柔毛；坚果阔圆锥形，顶部锥尖，宽 10~14 mm。

花果期

花期 4~6 月，果期翌年 9~11 月。

地理分布

广东：大部分地区。

国内：广东、广西、浙江、安徽、江西、福建、湖南、湖北、四川、西藏、贵州、江苏、青海、台湾。

生态特性

生于海拔 300~1 700 m 丘陵或山地疏或密林中。

木材特性

木材淡棕黄色或黄白色，环孔材，年轮近圆形，仅有细木射线，可供建筑用或用于制作车辆、枕木、家具、器具等。

其他

常绿阔叶林或针叶阔叶混交林中主要树种。目前研究集中在群落结构、种群动态以及生物量、碳储量、生物多样性、养分富集能力等。

参考文献

[1] 庞闯，王亚凤，葛利，等.甜槠化学成分研究（Ⅲ）[J].中药材，2020，43(1): 76–79.

[2] 沈欣承.亚热带甜槠天然林生物量和碳储量研究[D].长沙：中南林业科技大学，2017.

[3] 徐祎晨.甜槠林倒木储量及养分释放研究[D].长沙：中南林业科技大学，2022.

[4] 杨青.武夷山国家公园大安源甜槠群落主要种群生态位研究[J].武夷科学，2023，39(1): 23–30.

[5] 中国科学院中国植物志编辑委员会.中国植物志·第二十二卷[M].北京：科学出版社，1998.

红厚壳科 Calophyllaceae | 铁力木属 Mesua

铁力木

Mesua ferrea L.

别名：铁梨木，铁栗木，铁棱，锡兰铁木

形态特征

常绿乔木，具板状根，高20~30 m，胸径可达3 m。树干通直。树皮薄，暗灰褐色，薄叶状开裂，创伤处渗出带香气的白色树脂。叶嫩时黄色带红，老时深绿色，革质，披针形或狭卵状披针形至线状披针形，长（4）6~10（12）cm，宽（1）2~4 cm，顶端渐尖或长渐尖至尾尖，基部楔形，上面暗绿色，微具光泽，下面通常被白粉，侧脉极多数，成斜向平行脉；叶柄长0.5~0.8 cm。花两性，1~2顶生或腋生；花瓣4枚，白色，倒卵状楔形，长3~3.5 cm。果卵球形或扁球形，成熟时长2.5~3.5 cm，基部具增大成木质的萼片和多数残存的花丝。

花果期

花期3~5月，果期8~10月。

地理分布

广东：珠三角及粤西等地区栽培。

国内：广东、广西、云南等省份栽培。

国外：印度、斯里兰卡、孟加拉国、泰国、越南、马来西亚等。

生态特性

生于海拔540~600 m的低丘坡地。

木材特性

木材结构较细，纹理稍斜，心材和边材明显，边材浅红褐色，心材暗红褐色，材质重，坚硬强韧，难于加工、耐磨、抗腐性强、抗白蚁及其他虫害，不易变形，属特种工业用材。

其他

热带亚洲著名珍贵用材。目前研究集中于遗传特性、生长规律、化学成分、育苗技术等。

参考文献

[1] 耿云芬, 邱琼, 卯吉华, 等. 铁力木幼苗接种丛枝菌根菌剂的效应 [J]. 林业科技开发, 2015, 29(5): 64-66.

[2] 刘劲. 铁力木育苗技术 [J]. 广西林业科学, 2008, 37(3): 159-160.

[3] 许俊萍, 刘庆云, 朱臻荣, 等. 不同育苗基质对铁力木苗木生长的影响 [J]. 热带农业科技, 2016, 39(1): 27-29.

[4] 杨乐明, 黄力, 陈喜梅, 等. 优良珍贵树种铁力木的特性及高效栽培技术浅析 [J]. 南方农业, 2021, 15(32): 8-10+13.

[5] 中国科学院中国植物志编辑委员会. 中国植物志·第五十卷（第二分册）[M]. 北京：科学出版社, 1990.

团花

Neolamarckia cadamba (Roxb.) Bosser

茜草科 Rubiaceae | 团花属 *Neolamarckia*

别名：黄梁木

形态特征

落叶乔木，高达 30 m，胸径可达 1 m 以上。树干通直，基部略有板状根。树皮薄，灰褐色，老时有裂隙且粗糙。叶对生，薄革质，椭圆形或长圆状椭圆形，长 15~25 cm，宽 7~12 cm，顶端短尖，基部圆形或截形，萌蘖枝的幼叶长 50~60 cm，宽 15~30 cm，基部浅心形，上面有光泽，下面无毛或被稠密短柔毛；叶柄长 2~3 cm；托叶披针形，长约 12 mm，脱落。头状花序单个顶生，花冠黄白色，漏斗状，花冠裂片披针形，长约 2.5 mm；果序直径 3~4 cm，成熟时黄绿色。种子近三棱形。

花果期

花期 6~11 月，果期 6~11 月。

地理分布

广东：广州、博罗、深圳、肇庆栽培。

国内：广东、广西、香港、云南。

国外：越南、马来西亚、缅甸、印度、斯里兰卡、印度尼西亚。

生态特性

生于山谷溪旁或杂木林下。

木材特性

木材呈淡黄色，纹理整齐，散孔材，刨面光滑，材质轻韧，锯刨切削容易，干燥快，不易开裂变形，耐腐性能较差，且易受虫蛀，但经水浸处理后，可作一般家具和板材，还可用于建筑装饰，或者作车厢板、火柴杆、茶叶包装盒、牙签等用材。

其他

树干通直，亚洲热带速生型树种，具有药用、食用、材用、观赏等多项用途。目前在理化分析、药理活性、药用价值挖掘方面进行了较深入研究，表明其含有多种黄酮和生物碱，具有明显的抗氧化、抗糖尿病等活性。另外，在种子特性、种苗繁育、优良种源选育、种植管护、化学成分、生物技术等方面也已有相关研究。

参考文献

[1] 代钦川，李娜，林素娴，等. 不同地理种源黄梁木愈伤诱导差异及植株再生[J]. 分子植物育种，2024: 1-13.

[2] 黄高凤，黄哲，黄浩，等. 不同处理对团花裸根苗移栽成活率的影响[J]. 农业研究与应用，2022, 35(2): 34-40.

[3] 黄高凤，韦莹，黄浩，等. 华南速生乡土树种黄梁木研究进展[J]. 热带农业科学，2021, 41(9): 37-43.

[4] 张世杰，陈婷，罗君谊，等. 黄梁木提取物对断奶仔猪肠道健康的影响[J]. 中国兽医学报，2023, 43(3): 584-591.

[5] 中国科学院中国植物志编辑委员会. 中国植物志·第七十一卷[M]. 北京：科学出版社，1999.

尾叶桉

Eucalyptus urophylla S.T. Blake

桃金娘科 Myrtaceae | 桉属 *Eucalyptus*

形态特征

常绿乔木，原产地可高达 60 m，胸径达 2 m。树干通直圆满。树冠舒展浓绿。叶具柄，成熟叶片顶端呈尾状，叶脉清晰，侧脉稀疏平行。边脉不明显。花序腋生，花梗长 15~20 cm，花 5~7 朵或更多；果杯状，果成熟后暗褐色；果盘内陷，果瓣与果缘几乎平行，4~5 裂。

花果期

花期 12 月至翌年 5 月，果期翌年 6~11 月。

地理分布

广东：广州、韶关等栽培。

国内：广东、广西、海南栽培。

国外：印度尼西亚、巴西、澳大利亚、巴布亚新几内亚、刚果、喀麦隆、科特迪瓦、马来西亚、马达加斯加、留尼旺、法属圭亚那、阿根廷等。

生态特性

生于海拔 90~3 000 m 山地。

木材特性

木材心材灰褐色或浅红色至红色，边材灰白色至浅白色，造纸性能好，纤维得浆率较高，漂白性好，还适合作纤维板和刨花板等用材。

其他

我国华南地区栽培桉树的主要树种之一。目前在繁育栽培技术、良种选育、病虫害防治等方面的研究较多，同时在人工林的生物量、生产力、碳储量等生态学特征以及材用性能方面也有相关研究。

参考文献

[1] 黎燕莲, 陈远富, 梁顿, 等. 尾叶桉人工林和固氮树种马占相思人工林碳储量差异特征 [J]. 桉树科技, 2024, 41(1): 8-13.

[2] 李光友, 杨雪艳, 徐建民, 等. 尾叶桉 (*Eucalyptus urophylla*) 杂种家系遗传测定及抗风选择 [J]. 分子植物育种, 2020, 18(6): 2041-2051.

[3] 卢明祥. 尾叶桉栽培技术及病虫害防治探究 [J]. 广东蚕业, 2022, 56(3): 120-122.

[4] 邱妍, 翁启杰, 李梅, 等. 尾叶桉×细叶桉多年生生长及其与材性相关的遗传分析 [J]. 林业科学研究, 2022, 35(4): 1-8.

橄榄科 Burseraceae | 橄榄属 Canarium

乌榄
Canarium pimela Leenh.

别名：黑榄，木威子

形态特征
乔木，高达 20 m，胸径达 0.45 m。小叶 4~6 对，纸质至革质，宽椭圆形、卵形或圆形，稀长圆形，长 6~17 cm，宽 2~7.5 cm，顶端急渐尖，尖头短而钝；基部圆形或阔楔形，偏斜，全缘。花序腋生，为疏散的聚伞圆锥花序（稀近总状花序）；雄花序多花，雌花序少花；雄蕊 6；花盘杯状。果序长 8~35 cm，有果 1~4 个；果成熟时紫黑色，狭卵圆形，长 3~4 cm，直径 1.7~2 cm，横切面圆形至不明显的三角形。

花果期
花期 4~5 月，果期 5~11 月。

地理分布
广东：广州、汕头、恩平、徐闻、陆丰、博罗、深圳、肇庆、阳春、罗定、高州、信宜、茂名、廉江。

国内：广东、广西、海南、云南、福建。

国外：越南、老挝、柬埔寨。

生态特性
生长于海拔 1 280 m 以下的杂木林内。

木材特性
木材心材黄褐色至浅褐色，边材色稍浅，材质重、坚实，纹理细致，比重 0.53，可作工艺美术品、家具、农具、建筑等用材。

其他
我国华南各地作为果树广泛种植，产量高而稳定，结实年限长，生长迅速，栽培容易。目前多数研究集中在对其叶片、果肉的利用、栽培技术的阐述及其基本形态的描述，缺乏系统的资源调查、遗传多样性信息及其材性分析研究，品种分类比较混乱。

参考文献
[1] 方小爱. 乌榄叶酚类成分的提取及血管舒张作用初步研究 [D]. 广州：广东药科大学, 2018.
[2] 覃振师, 何铣扬, 黄锡云, 等. 42 份乌榄种质资源 SCoT 分子标记遗传多样性分析 [J]. 经济林研究, 2017, 35(2): 90-94.
[3] 赵大宣, 覃振师. 乌榄的特性及其在广西的发展前景探讨 [J]. 南方园艺, 2009, 20(4): 10-11.
[4] 赵飞, 倪根金, 章家恩. 历史时期增城乌榄的种植与利用研究 [J]. 农业考古, 2014, 1: 216-221.
[5] 中国科学院中国植物志编辑委员会. 中国植物志·第四十三卷（第三分册）[M]. 北京：科学出版社, 1997.

乌墨

Syzygium cumini (L.) Skeels

桃金娘科 Myrtaceae | 蒲桃属 *Syzygium*

别名：海南蒲桃，西洋果，乌楣

形态特征

乔木，高约 15 m，胸径可达 1 m。叶片革质，阔椭圆形至狭椭圆形，长 6~12 cm，宽 3.5~7 cm，先端圆或钝，有一个短的尖头，基部阔楔形，稀为圆形，两面多细小腺点，侧脉多而密，离边缘 1 mm 处结合成边脉。圆锥花序腋生或生于花枝上，偶有顶生，长可达 11 cm；花白色，3~5 朵簇生；花瓣 4，卵形略圆，长约 2.5 mm。果实卵圆形或壶形，长 1~2 cm，上部有长 1~1.5 mm 的宿存萼筒。种子 1 粒。

花果期

花期 3~5 月，果期 7~8 月。

地理分布

广东：广州、珠海、廉江、徐闻。

国内：广东、广西、海南、香港、台湾、福建、云南、贵州。

国外：中南半岛及马来西亚、印度、印度尼西亚、澳大利亚。

生态特性

生于平地次生林及荒地上，能耐高温干旱，对土壤要求不严。

木材特性

木材浅褐色，重硬适中、纹理交错、结构细致、有光泽，耐腐，不受虫蛀，不易翘裂，易加工，可作造船、建筑、桥梁、枕木、农具等用材。

其他

岭南地区常作为园林绿化树种。目前研究主要集中在根、果实的提取物和胁迫下的生理响应等方面。研究表明，乌墨根部提取物具有潜在的开发价值；种子具有抗炎活性；果实中的单宁具有很好的抗氧化活性，可作为天然抗氧化剂的重要来源。此外，乌墨也被广泛应用于糖尿病的治疗，其丰富的化合物含有抗氧化剂和抗糖尿病活性成分。

参考文献

[1] 陈柏燊，苗灵凤，李大东，等. 水翁和乌墨幼苗对水淹－盐胁迫的生理生态差异响应 [J]. 植物科学学报，2023, 41(5): 677-686.

[2] 黄小谦，董晓娜，杨丽薇，等. 乌墨嫁接莲雾试验初报 [J]. 热带林业，2013, 4(1): 30-31.

[3] 张富东，李玲，牛艳芬，等. 乌墨根部提取物对 α-葡萄糖苷酶抑制活性的研究 [C]. 西南药学大会，2014.

[4] 中国科学院中国植物志编辑委员会. 中国植物志·第五十三卷 [M]. 北京：科学出版社，1984.

[5] Kumar A，Ilavarasan R，Jayachandran T, et al. Anti-inflammatory activity of *Syzygium cumini* seed [J]. African Journal of Biotechnology, 2008, 7(8): 941-943.

无患子

Sapindus saponaria L.

无患子科 Sapindaceae | 无患子属 *Sapindus*

别名：洗手果，油患子，木患子

形态特征

落叶乔木，高可达20余米，胸径可达0.75 m。树皮灰褐色或黑褐色。叶轴上面两侧有直槽；小叶5~8对，叶片薄纸质，长椭圆状披针形或稍呈镰形，长7~15 cm或更长，宽2~5 cm，顶端短尖或短渐尖，基部楔形，稍不对称；侧脉纤细而密，15~17对。花序顶生，圆锥形；花瓣5，披针形，有长爪，长约2.5 mm。果的发育分果爿近球形，直径2~2.5 cm，橙黄色，干时变黑。

花果期

花期6月，果期9~10月。

地理分布

广东：博罗、从化、东源、封开、佛冈、乐昌、南雄、仁化、乳源、始兴、翁源、五华、信宜、阳春、英德、郁南、增城、紫金。

国内：东部、南部至西南部。

国外：日本、朝鲜、中南半岛、印度。

生态特性

生于海拔1 400m以下的湿润或干燥森林中。

木材特性

边材黄白色，心材黄褐色，材质致密，纹理清晰，含有天然木蜡油，易加工，可制作高档免漆家具，木材质软，可作箱板和木梳等。富含的天然皂素可自然防腐防虫。

其他

分布广泛，生长较快，寿命长，是重要的园林植物和造林树种，各地寺庙、庭园和村边常见栽培。目前在育苗技术、光合特性、种质资源、生长生理特性、良种选育、果实化学成分等方面已有成熟研究，但其木材物理特性、化学特性、基本构造等有待进一步研究。

参考文献

[1] 蒋红星. 无患子之歌 [J]. 林业与生态, 2023 (6): 43-44.

[2] 万泉, 余荣卓. 福建乡土油料树种——无患子 [J]. 福建林业, 2021, 1: 36.

[3] 中国科学院中国植物志编辑委员会. 中国植物志·第四十七卷（第一分册）[M]. 北京：科学出版社, 1985.

蓝果树科 Nyssaceae | 喜树属 Camptotheca

喜树

Camptotheca acuminata Decne.

别名：千丈树，旱莲木，薄叶喜树

形态特征

落叶乔木，高达20余米，胸径可达1 m。树皮灰色或浅灰色，纵裂成浅沟状。叶互生，纸质，矩圆状卵形或矩圆状椭圆形，长12~28 cm，宽6~12 cm，顶端短锐尖，基部近圆形或阔楔形，全缘。头状花序近球形，直径1.5~2 cm，常由2~9个头状花序组成圆锥花序，顶生或腋生，通常上部为雌花序，下部为雄花序。花杂性，同株；苞片3枚，三角状卵形，长2.5~3 mm，内外两面均有短柔毛；花瓣5枚，淡绿色，矩圆形或矩圆状卵形；雄蕊10。翅果矩圆形，长2~2.5 cm，顶端具宿存的花盘，两侧具窄翅。

花果期

花期5~7月，果期9月。

地理分布

广东：广州、博罗、南雄、曲江、揭西、丰顺、肇庆、佛冈、和平、怀集、乐昌、连南、连山、连州、仁化、乳源、韶关、翁源、紫金。

国内：广东、广西、海南、江苏、浙江、福建、江西、湖北、湖南、四川、贵州、云南。

生态特性

常生于海拔1 000 m以下的林边或溪边。

木材特性

木材轻软，适于作造纸、胶合板、火柴、牙签、包装箱、绘图板、室内装修、日常用具等用材。

其他

重要抗癌药物喜树碱的主要来源植物，由于喜树碱的溶解性低、稳定性差和显著的不良反应限制了其临床应用。目前的研究针对碱衍生物的合成与开发应用展开了多层次多方面的探索，通过对喜树碱进行结构修饰已成功开发出多个抗癌药物，部分研究关注了育苗栽培与病虫害防治等问题。

参考文献

[1] 隋帆帆, 张越, 杜福, 等. 一种新型喜树碱衍生物抗非小细胞肺癌作用与机制的研究[J]. 中国海洋大学学报(自然科学版), 2023, 53(5): 108-117.

[2] 桂子凡, 涂毅, 肖兴翠, 等. 基质配比、缓释肥用量、容器规格对喜树容器苗生长和质量的影响[J]. 中南林业科技大学学报, 2022, 42(12): 42-49.

[3] 柯希, 何芊岐, 钱霜, 等. 喜树碱结构修饰及其抗肿瘤活性研究进展[J]. 化学研究与应用, 2022, 34(8): 1697-1704.

[4] 张慧博. 喜树碱生物合成相关基因的筛选与功能鉴定研究[D]. 北京：北京协和医学院, 2023.

[5] 张晓彤, 李淑琪, 贾鹏昊. 喜树碱结构修饰与构效关系研究进展[J]. 药物评价研究, 2023, 46(6): 1345-1359.

[6] 中国科学院中国植物志编辑委员会. 中国植物志·第五十二卷[M]. 北京：科学出版社, 1983.

细叶桉

Eucalyptus tereticornis Smith

桃金娘科 Myrtaceae | 桉属 *Eucalyptus*

别名：小叶桉，褐桉树

形态特征

乔木，高约 25 m。树皮平滑，灰白色，长片状脱落，干基有宿存的树皮。幼态叶片卵形至阔披针形，宽达 10 cm；过渡型叶阔披针形；成熟叶片狭披针形，长 10~25 cm，宽 1.5~2 cm，两面有细腺点；叶柄长 1.5~2.5 cm。伞形花序腋生，有花 5~8 朵，花蕾长卵形，长 1~1.3 mm 或更长；萼管长 2.5~3 mm，宽 4~5 mm；帽状体长 7~10 mm，渐尖。蒴果近球形，宽 6~8 mm，果缘突出萼管 2~2.5 mm，果瓣 4。

花果期

花期 8~9 月，果期 9~10 月。

地理分布

广东：广州、湛江、肇庆、揭西栽培。

国内：广东、广西、浙江、福建、江西、湖南、重庆、四川、贵州、云南栽培。

国外：澳大利亚。

生态特性

原产于澳大利亚东部沿海地区，最高海拔可达 1 800 m，常见于降水量较充足的壤土，冬季耐轻霜，不适于酸性土。

木材特性

木材苍白，纹理交错，坚硬耐磨，供建筑、车辆、船舶、机械、枕木等用，且广泛用于制造纸浆、胶合板、纤维板和家具等。

其他

目前研究尚处于引种栽培成效的探究上。

参考文献

[1] 陈健波,李昌荣,项东云,等.尾叶桉×巨桉等桉树杂交家系杂种优势测试[J].南方农业学报,2017,48(10):1858-1862.

[2] 陈升侃.尾叶桉×细叶桉重要经济性状的遗传变异与关联分析[D].北京:中国林业科学研究院,2018.

[3] 中国科学院中国植物志编辑委员会.中国植物志·第五十三卷(第一分册)[M].北京:科学出版社,1984.

香椿 *Toona sinensis* (A. Juss.) Roem.

楝科 Meliaceae | 香椿属 *Toona*

别名：椿，毛椿，春阳树

形态特征

乔木，高达 25 m，胸径可达 0.7 m。树皮粗糙，深褐色，片状脱落。偶数羽状复叶，长 30~50 cm 或更长；小叶 16~20，对生或互生，纸质，卵状披针形或卵状长椭圆形，长 9~15 cm，宽 2.5~4 cm。圆锥花序，花瓣 5，白色，长圆形，先端钝，长 4~5 mm，宽 2~3 mm；雄蕊 10，其中 5 枚能育，5 枚退化。蒴果狭椭圆形，长 2~3.5 cm，深褐色，有小而苍白色的皮孔，果瓣薄。种子基部通常钝，上端有膜质的长翅。

花果期

花期 6~8 月，果期 10~12 月。

地理分布

广东：博罗、封开、乐昌、连州、仁化、乳源、始兴、五华、新丰、信宜、英德、郁南、增城、肇庆、紫金。

国内：广东、广西、海南、江西、湖南、湖北、江苏、安徽、云南、贵州、四川、福建、西藏、甘肃、陕西、浙江、河北、河南。

国外：朝鲜。

生态特性

生于山地杂木林或疏林中。

木材特性

环孔材，木材黄褐色而具红色环带，木材的导管、薄壁组织细胞和射线细胞中均含有大量红色树胶，射线细胞中含有丰富的晶体，宏观上木材呈红褐色，纹理美丽，质坚硬，有光泽，耐腐力强，易施工，为家具、室内装饰品及造船的优良木材。

其他

树干通直，生长迅速，材用、药用或作绿化树种，发展潜力巨大。目前在食用和药用价值、良种选育、生理生态、苗木栽培、种质资源等方面研究较多，在用材与栽培繁殖方面的研究相对较少。

参考文献

[1] 冯赛, 李庆梅, 祝燕, 等. 老化处理和种子含水率对香椿萌芽特性的影响 [J]. 陆地生态系统与保护学报, 2023, 3(2): 38-46.

[2] 宋恋环, 雷福娟, 黄耀恒, 等. 苦楝和香椿木材解剖性质研究 [J]. 广西林业科学, 2023, 52(6): 781-786.

[3] 吴丽. 香椿树经济价值及繁育技术 [J]. 山西林业, 2023, 4: 50-51.

[4] 杨家强, 陈振科, 陆江, 等. 材用香椿研究现状 [J]. 广西林业科学, 2022, 51(1): 136-141.

[5] 中国科学院中国植物志编辑委员会. 中国植物志·第三十五卷 [M]. 北京: 科学出版社, 1979.

小叶青冈

Quercus myrsinifolia Blume

壳斗科 Fagaceae | 栎属 *Quercus*

别名：细叶青冈，竹叶椆，杨梅叶青冈

形态特征

常绿乔木，高达 20 m，胸径可达 1 m。叶卵状披针形或椭圆状披针形，长 6~11 cm，宽 1.8~4 cm，顶端长渐尖或短尾状，基部楔形或近圆形，叶缘中部以上有细锯齿，侧脉每边 9~14 条，叶面绿色，叶背粉白色；叶柄长 1~2.5 cm。雄花序长 4~6 cm；雌花序长 1.5~3 cm。壳斗杯形，包着坚果 1/3~1/2，直径 1~1.8 cm，高 5~8 mm，壁薄而脆，外壁被灰白色细柔毛；小苞片合生成 6~9 条同心环带，环带全缘。坚果卵形或椭圆形，直径 1~1.5 cm，高 1.4~2.5 cm。

花果期

花期 6 月，果期 10 月。

地理分布

广东：乐昌、始兴、乳源、南雄、连州、连南、连山、仁化、阳山、新丰、龙门、和平、大埔、丰顺、惠东、惠阳、博罗、深圳、珠海、肇庆、封开、郁南、德庆。

国内：广东、广西、福建、贵州、江西、湖南、云南、安徽、四川、陕西、浙江、江苏、台湾、河南。

国外：越南、老挝、日本。

生态特性

生于海拔 200~2 500 m 的山谷、阴坡杂木林中。

木材特性

木材灰白色，材质坚韧且富有弹性，抗压，不易开裂，耐磨，可作农具、家具、车辆等用材。

其他

树冠高大，干形通直，是我国中亚热带东部中海拔常绿阔叶林中的重要森林树种之一。目前研究集中在探索其种子萌发规律、生长规律以及种群生态位。

参考文献

[1] 范立敏，林小青，曹祖宁，等. 福建茫荡山天然小叶青冈生长规律研究 [J]. 林业资源管理，2014 (4): 74–77+97.

[2] 高立献，贾赛，高萨娜. 小叶青冈种子萌发与休眠特性研究 [J]. 河南林业科技，2020, 40(1): 14–17.

[3] 张国威，叶素芬，商侃侃. 植物废弃物混配基质对青冈和小叶青冈容器苗根系发育的影响 [J]. 植物资源与环境学报，2023, 32(2): 92–94.

[4] 中国科学院中国植物志编辑委员会. 中国植物志·第二十二卷 [M]. 北京：科学出版社，1998.

壳斗科 Fagaceae | 柯属 Lithocarpus | *Lithocarpus amygdalifolius* (Skan) Hayata

杏叶柯

别名：崖柯

形态特征

乔木，高达 30 m，胸径可达 2 m。叶厚革质，披针形或狭长椭圆形，长 8~15 cm，宽 2.5~4 cm，萌生枝的叶长达 20 cm，宽达 9 cm，顶部长渐尖或短突尖，基部楔形。雄穗状花序单穗腋生或多穗排成圆锥花序，花序轴密被柔毛。壳斗近圆球形，径 2~2.5 cm，全包坚果，小苞片三角形或多边形，通常与壳壁融合，呈不连续的环状。

花果期

花期 3~9 月，果期翌年 8~12 月。

地理分布

广东：广州、始兴、乐昌、肇庆、阳山。

国内：广东、广西、海南、香港、安徽、台湾、福建。

生态特性

生于海拔 1 100~2 300 m 常绿阔叶林或针叶、阔叶混交林中。

木材特性

心材、边材区别明显，心材红褐色，材质坚重，气干密度 0.88，可作建筑、雕刻、家具等用材。

参考文献

中国科学院中国植物志编辑委员会. 中国植物志·第二十二卷 [M]. 北京：科学出版社，1998.

秀丽锥
Castanopsis jucunda Hance

壳斗科 Fagaceae | 锥属 *Castanopsis*

别名：台湾锥

形态特征
乔木，高达 26 m，胸径可达 0.8 m。叶纸质或近革质，卵形、卵状椭圆形或长椭圆形，常兼有倒卵形或倒卵状椭圆形，长 10~18 cm，宽 4~8 cm，顶部短或渐尖，基部近于圆或阔楔形，常一侧略短且偏斜，或两侧对称。雄花序穗状或圆锥花序，花被裂片内面被短卷毛；雄蕊通常 10 枚；雌花序单穗腋生。果序长达 15 cm；壳斗近圆球形，连刺径 25~30 mm，3~5 瓣裂，刺长 6~10 mm；坚果阔圆锥形，高 11~15 mm，横径 10~13 mm。

花果期
花期 4~5 月，果期翌年 9~10 月。

地理分布
广东：乐昌、乳源、始兴、南雄、仁化、龙门、和平、平远等。

国内：广东、广西、海南、福建、贵州、江西、湖南、湖北、云南、安徽、浙江、江苏、台湾。

生态特性
生于海拔 1 000 m 以下山坡疏或密林中。

木材特性
木材淡棕黄色，纹理直，密致，材质中等硬度，韧性较强，干后少爆裂，颇耐腐，环孔材，可用于制作家具、建筑、农具等。

参考文献
中国科学院中国植物志编辑委员会. 中国植物志·第二十二卷 [M]. 北京：科学出版社，1998.

南洋杉科 Araucariaceae | 南洋杉属 Araucaria

Araucaria heterophylla (Salisb.) Franco

异叶南洋杉

别名：南洋杉，诺和克南洋杉，澳洲杉

形态特征

乔木，高达 50 m 以上，胸径达 1.5 m。树干通直。树皮暗灰色，裂成薄片状脱落。树冠塔形。叶二型，幼树及侧生小枝的叶排列疏松，开展，钻形；大树及花果枝上的叶排列较密，微开展，宽卵形或三角状卵形，多少弯曲，长 5~9 mm，基部宽，先端钝圆，中脉隆起或不明显。雄球花单生枝顶，圆柱形。球果近圆球形或椭圆状球形，通常长 8~12 cm，径 7~11 cm；苞鳞厚，上部肥厚，边缘具锐脊，先端具扁平的三角状尖头。种子椭圆形，两侧具结合生长的宽翅。

花果期

花期 4~7 月，果期 2~3 年成熟。

地理分布

广东：珠三角地区栽培。

国内：广东、福州、上海、南京、西安、北京栽培。

国外：大洋洲诺和克岛。

生态特性

适生于冬季温暖湿润无霜或霜期短的南亚热带和中亚热带南缘，年均气温 19℃以上。

木材特性

木材呈浅黄褐色，纹理通直，材性优良，硬度适中，易加工，常作建筑、家具、薄木贴面等用材。

其他

目前在木材性质、机械加工性能、园林应用、扦插繁殖方面已有较多研究。

参考文献

[1] 白嘉雨，周铁烽，侯云萍. 中国热带主要外来树种 [J]. 昆明：云南科技出版社，2011, 26-28.

[2] 邓福春，罗青竹，刘衡，等. 异叶南洋杉人工林木材生材性质研究 [J]. 林业调查规划，2023, 48(1): 13-17.

[3] 徐晔春，邓樱. 观赏花卉图鉴 [M]. 福州：福建科学技术出版社，2018.

[4] 张振林，黄松殿，刘勇，等. 异叶南洋杉木材的物理力学性质研究 [J]. 陕西林业科技，2020, 48(1): 19-21.

[5] 中国科学院中国植物志编辑委员会. 中国植物志·第七卷 [M]. 北京：科学出版社，1978.

银桦

Grevillea robusta A. Cunn. ex R. Br.

山龙眼科 Proteaceae | 银桦属 *Grevillea*

别名：绢柏，丝树，银华树

形态特征

乔木，高 10~25 m，胸径可达 1 m。树皮暗灰色或暗褐色，具浅皱纵裂。叶长 15~30 cm，二次羽状深裂，裂片 7~15 对，上面无毛或具稀疏丝状绢毛，下面被褐色茸毛和银灰色绢状毛，边缘背卷；叶柄被茸毛。总状花序，长 7~14 cm，腋生，或排成少分枝的顶生圆锥花序；花橙色或黄褐色，花被管长约 1 cm。果卵状椭圆形，稍偏斜，长约 1.5 cm，径约 7 mm。种子长盘状，边缘具窄薄翅。

花果期

花期 3~5 月，果期 6~8 月。

地理分布

广东：广州、湛江、茂名、高要栽培。

国内：广东、广西、海南、香港、福建、江西、湖南、四川、贵州、云南、台湾栽培。

国外：澳大利亚。

生态特性

适生于温暖湿润气候，根系发达，较耐旱，不耐寒，喜肥沃、疏松、排水良好的微酸性砂壤土。

木材特性

木材有光泽，边材黄褐色，心材红褐色至暗红褐色，气干密度 0.67，可作胶合板的贴面板以及家具、箱盒、室内装修等用材，也能制纸浆及作薪炭用材。纸浆材抗张及耐破强度较好，但易撕裂，只能作一般包装纸，加入长纤维浆才可作高级包装纸。

其他

树形美观，在园林绿化中得到了较多应用。目前研究主要集中在园林景观应用价值、栽培养护、组培育苗、花叶提取物的抗氧化活性等。

参考文献

[1] 林大都, 张勇, 翟明, 等. 银桦花醇提物成分预试及其抗氧化活性 [J]. 北方园艺, 2020 (19): 113-117.

[2] 翁启杰, 刘有成. 银桦生物学特性及栽培技术 [J]. 广东林业科技, 2006, 5(1): 101-103

[3] 杨永康. 速生绿化树种——银桦 [J]. 农业科技通讯, 1974 (3): 6-7.

[4] 云南省林科所材性室. 云南几种外来速生树种木材性质和用途的研究 [J]. 云南林业科技通讯, 1974 (3): 4-13.

[5] 张勇, 张声源, 黄思涵, 等. 银桦叶不同溶剂提取物的抗氧化活性 [J]. 食品工业, 2020, 41(6): 218-221.

[6] 中国科学院中国植物志编辑委员会. 中国植物志·第二十四卷 [M]. 北京: 科学出版社, 1988.

银木荷

Schima argentea Pritz. ex Diels

山茶科 Theaceae | 木荷属 *Schima*

别名：竹叶木荷

形态特征

乔木，高达 30 m，胸径可达 1 m。叶厚革质，长圆形或长圆状披针形，长 8~12 cm，宽 2~3.5 cm，先端尖锐，基部阔楔形，上面发亮，下面有银白色蜡被，侧脉 7~9 对，在两面明显，全缘；叶柄长 1.5~2 cm。花直径 3~4 cm，花柄长 1.5~2.5 cm，有毛；花瓣长 1.5~2 cm，最外 1 片较短，有绢毛；雄蕊长约 1 cm；子房有毛，花柱长约 7 mm。蒴果，直径 1.2~1.5 cm。

花果期

花期 7~8 月，果期翌年 2~3 月。

地理分布

广东：江门、乐昌、仁化、郁南。

国内：广东、四川、云南、贵州、湖南。

生态特性

常分布于森林红壤、黄壤、紫色土、棕色土的湿润肥沃地方。在干燥瘠薄土壤上亦有分布，但长势欠佳。

木材特性

散孔材，心边材界限不明显，木材浅黄褐色至浅红褐色，木材坚硬、细致，不易开裂变形，切面光滑，油漆及胶黏性能良好，耐腐，是纺织工业、军事工业的优良用材，可作枪托、手榴弹柄等。

其他

目前研究集中在银木荷群落结构、化学成分和生长生理等。

参考文献

[1] 臧德奎,徐晔春.中国景观植物应用大全·木本卷[M].北京:中国林业出版社,2015.

[2] 韦淑成,周庆宏.昆明优良乡土绿化树种[M].昆明:云南科技出版社,2011.

[3] 云南省林业科学研究所.云南主要树种造林技术[M].昆明:云南人民出版社,1985.

[4] 中国科学院中国植物志编辑委员会.中国植物志·第四十九卷(第三分册)[M].北京:科学出版社,1998.

银杏 *Ginkgo biloba* L.

银杏科 Ginkgoaceae | 银杏属 *Ginkgo*

别名：鸭掌树，公孙树，白果

形态特征
乔木，高达 40 m，胸径可达 4 m。幼树树皮浅纵裂，大树之皮呈灰褐色，深纵裂，粗糙。叶扇形，有长柄，有多数叉状并列细脉，顶端宽 5~8 cm，在短枝上常具波状缺刻，在长枝上常 2 裂，基部宽楔形。雌雄异株，单性；雄球花柔荑花序状，雌球花具长梗，梗端常分两叉。种子具长梗，下垂，常为椭圆形、长倒卵形、卵圆形或近圆球形，长 2.5~3.5 cm，直径约 2 cm，外种皮肉质，熟时黄色或橙黄色，外被白粉，有臭味；中种皮白色，骨质，具 2~3 条纵脊；内种皮膜质，淡红褐色。

花果期
花期 3~4 月，果期 9~10 月。

地理分布
广东：博罗、封开、乐昌、南雄、深圳、新丰、肇庆栽培。

国内：除浙江有野生分布外，北自东北沈阳，南达广州，东起华东海拔 40~1 000 m 地带，西南至贵州、云南西部(腾冲)海拔 2 000 m 以下地带，均有栽培。

国外：朝鲜、日本及欧美栽培。

生态特性
在土层深厚、肥沃湿润、排水良好的地区生长良好，在土壤瘠薄干燥、多石山坡、过度潮湿的地方不易成活或生长不良。

木材特性
珍贵用材树种，边材淡黄色，心材淡黄褐色，结构细，质轻软，富弹性，易加工，有光泽，纹理美观，比重 0.45~0.48，不易开裂，供建筑、家具、室内装饰、雕刻、绘图板等用。

其他

被誉为"活化石"，果实具有食用、药用价值。目前研究重点已从其形态与结构、繁育与栽培机制、功能药学效应逐步转变为生理生化生命功能过程、分子生物学与组学联合机制、生物工程与合成等。

参考文献

[1] 冯凯，陈颖，刘瑞，等.银杏类黄酮代谢研究进展[J].西南林业大学学报(自然科学)，2022, 42(1): 178-188.

[2] 米月颖，胡亚平，于钊妍，等.我国银杏科学研究与认知前沿[J].华东森林经理，2020, 34(2): 11-14.

[3] 夏云龙，商忆聪.银杏的价值及造林管理技术[J].中国林副特产，2022 (6): 74-75.

[4] 中国科学院中国植物志编辑委员会.中国植物志·第七卷[M].北京：科学出版社，1978.

印度黄檀 *Dalbergia sissoo* Roxb.

豆科 Fabaceae | 黄檀属 *Dalbergia*

别名：印度檀

形态特征
乔木，高达 30 m，胸径可达 2 m。树皮灰色，粗糙，厚而深裂。羽状复叶长 12~15 cm；小叶 1~2 对，近革质，近圆形或有时菱状倒卵形，长 3.5~6 cm，先端圆，具短尾尖，尖头长 5~10 mm。圆锥花序近伞房状，花长 8~10 mm，芳香，花冠淡黄色或白色，各瓣均具长柄，旗瓣阔倒卵形，先端微凹缺，翼瓣和龙骨瓣倒披针形，基部渐狭；雄蕊 9，单体。荚果线状长圆形至带状，长 4~8 cm，6~12 mm，果瓣薄革质，干时淡褐色。种子肾形，扁平。

花果期
花期 3~4 月，果期 10~12 月。

地理分布
广东：广州、新丰等栽培。
国内：广东、海南、香港、福建栽培。
国外：伊朗东部至印度及世界热带地区。

生态特性
适生于高温、肥力中等以上的红壤、赤红壤、砖红壤，也能适应石灰岩山地环境。

木材特性
心材褐色，坚硬不易开裂，宜作雕刻、细工、地板及家具用材。

参考文献
中国科学院中国植物志编辑委员会. 中国植物志·第四十卷 [M]. 北京：科学出版社, 1994.

松科 Pinaceae | 油杉属 *Keteleeria*

油杉

Keteleeria fortunei (Murr.) Carr.

别名：海罗松，杜松，松梧

形态特征

乔木，高达 30 m，胸径可达 1 m。叶条形，在侧枝上排成两列，长 1.2~3 cm，宽 2~4 mm，先端圆或钝，基部渐窄，下面淡绿色，沿中脉每边有气孔线 12~17 条。球果圆柱形，成熟前绿色或淡绿色，微有白粉，成熟时淡褐色或淡栗色，长 6~18 cm，直径 5~6.5 cm；种翅中上部较宽，下部渐窄。

花果期

花期 3~4 月，果期 10 月。

地理分布

广东：连南、大埔、廉江栽培。

国内：广东、广西、福建、浙江、贵州、江西、湖南、云南。

生态特性

生于海拔 400~1 200 m，气候温暖，雨量多，酸性土红壤或黄壤地带。

木材特性

木材黄褐色至浅红褐色，心边材区别不明显，材质重，纹理直，耐水湿，抗腐性强，干燥后不易开裂，作建筑、家具等用材。

其他

树干通直，是珍贵用材树种。目前研究主要集中在生态学和生物学特性以及苗木培育和造林等。对油杉、杉木和马尾松的木材物理力学性质比较发现，油杉木材的气干湿胀性、抗弯强度、顺纹抗压强度和径面硬度更优。

参考文献

[1] 陈全章. 油杉人工林凋落物及其碳氮归还动态 [J]. 福建林业科技, 2017, 44(4): 14-17+27.

[2] 陈文荣. 油杉优树子代苗期性状变异研究 [J]. 安徽农学通报, 2016, 22(12): 90-91.

[3] 肖祥希, 高楠, 何文广, 等. 油杉表型差异分析及优树选择 [J]. 中南林业科技大学学报, 2015 (7): 1-6.

[4] 中国科学院中国植物志编辑委员会. 中国植物志·第七卷 [M]. 北京：科学出版社, 1978.

柚木

Tectona grandis L. f.

唇形科 Lamiaceae | 柚木属 *Tectona*

别名：紫油木，脂树，柴柚木

形态特征

乔木，高达 40 m，胸径可达 2.5 m。小枝淡灰色或淡褐色，四棱形，具 4 槽，被灰黄色或灰褐色星状茸毛。叶对生，厚纸质，全缘，卵状椭圆形或倒卵形，长 15~45（70）cm，宽 8~23（37）cm，顶端钝圆或渐尖，基部楔形下延，表面粗糙，有白色突起，沿脉有微毛，背面密被灰褐色至黄褐色星状毛；侧脉 7~12 对，第三回脉近平行，在背面显著隆起；叶柄粗壮，长 2~4 cm。圆锥花序顶生，长 25~40 cm，宽 30 cm 以上；花有香气；花萼钟状，萼管长 2~2.5 mm，被白色星状茸毛，裂片较萼管短；花冠白色，花冠管长 2.5~3 mm，裂片长约 2 mm，顶端圆钝，被毛及腺点；核果球形，直径 12~18 mm，外果皮茶褐色，被毡状细毛，内果皮骨质。

花果期

花期 8 月，果期 10 月。

地理分布

广东：广州、博罗、深圳、肇庆栽培。

国内：广东、广西、云南、福建、台湾等引种。

国外：印度、缅甸、马来西亚、印度尼西亚。

生态特性

生于海拔 900 m 以下的潮湿疏林中。

木材特征

心材黄褐色、褐色或绿褐色，久则呈暗褐色，边材浅黄色，具光泽，材色均一，纹理通直，干缩系数小，不翘不裂，耐水、耐火性强，综合性能良好，是制造高档家具、地板、室内外装饰良材，适用于造船、露天建筑、桥梁等，特别适合制造船甲板。

其他

目前在生理特性、生长规律、生长影响因素、栽培和造林技术等方面有较为深入的研究。

参考文献

[1] 孔繁旭, 王艳伟, 何啸宇, 等. 热处理国产柚木地热地板用材物理性能及工艺研究[J]. 林产工业, 2021, 58(11): 8-15.

[2] 梁倬宁. 珍贵树种柚木栽培技术及在广西发展前景[J]. 大众科技, 2020, 22(6): 113-115.

[3] 吴忠锋, 张鑫, 唐昌亮, 等. 柚木繁育技术研究进展[J]. 热带农业科学, 2017, 37(1): 30-34.

[4] 许沁, 杨旭, 张耀丽. 珍贵柚木及其伪品的鉴别[J]. 家具, 2023, 44(6): 16-21.

[5] 中国科学院中国植物志编辑委员会. 中国植物志·第六十五卷（第一分册）[M]. 北京: 科学出版社, 1982.

云南石梓 *Gmelina arborea* Roxb.

唇形科 Lamiaceae | 石梓属 *Gmelina*

别名：酸树，滇石梓

形态特征

落叶乔木，高达 15 m，胸径 0.3~0.5 m。树干直。树皮灰棕色，呈不规则块状脱落。幼枝、叶柄、叶背及花序均密被黄褐色茸毛。叶片厚纸质，广卵形，长 8~19 cm，宽 4.5~15 cm，顶端渐尖，基部浅心形至阔楔形，近基部有 2 至数个黑色盘状腺点，基生脉三出。聚伞花序组成顶生的圆锥花序，总花梗长 15~30 cm；花冠长 3~4 cm，黄色，外面密被黄褐色茸毛，两面均疏生腺点，二唇形；雄蕊 4，二强。核果椭圆形或倒卵状椭圆形，长 1.5~2 cm，成熟时黄色，干后黑色，常仅有 1 粒种子。

花果期

花期 4~5 月，果期 5~7 月。

地理分布

广东：珠三角地区栽培。

国内：云南。

国外：孟加拉国、不丹、印度、印度尼西亚、老挝、马来西亚、缅甸、尼泊尔、菲律宾、斯里兰卡、泰国、越南。

生态特性

生于海拔 1 500 m 以下的路边、村舍及疏林中。

木材特性

心材粉红色，边材浅灰色，纹理通直，纤维性能好，能耐干湿变化，变形小、不开裂、极耐腐，结构细致，纹理通直，是造船、建筑、家具、室内装饰、制胶合板和造纸的优良用材。

其他

材质可与柚木媲美，叶还可作为饲料，也是优良的造纸材料和染色材料。目前已有化学成分、内生真菌、引种和育苗技术、营林技术等研究。

参考文献

[1] 王雅婷. 云南石梓内生真菌的分离鉴定及菌株WB151的次级代谢产物研究 [D]. 昆明：云南大学, 2020.

[2] 张树芬. 不同营林措施对云南石梓幼林生长的影响 [J]. 林业科技, 2015, 40(1): 24–26.

[3] 中国科学院中国植物志编辑委员会. 中国植物志·第六十五卷（第一分册）[M]. 北京：科学出版社, 1982.

樟

Camphora officinarum Nees

樟科 Lauraceae | 樟属 *Camphora*

别名：香樟，樟树

形态特征

常绿乔木，高可达 30 m，胸径可达 3 m。枝、叶及木材均有樟脑气味。树皮黄褐色，有不规则的纵裂。叶互生，卵状椭圆形，长 6~12 cm，宽 2.5~5.5 cm，先端急尖，基部宽楔形至近圆形，边缘全缘，上面绿色或黄绿色，有光泽，下面黄绿色或灰绿色，具离基三出脉，侧脉及支脉脉腋上面明显隆起下面有明显腺窝；叶柄纤细，长 2~3 cm。圆锥花序腋生，长 3.5~7 cm，具梗，总梗长 2.5~4.5 cm。花绿白色或带黄色，长约 3 mm；花梗长 1~2 mm。花被外面无毛或被微柔毛，内面密被短柔毛，花被筒倒锥形，长约 1 mm，花被裂片椭圆形，长约 2 mm。能育雄蕊 9。果卵球形或近球形，直径 6~8 mm，紫黑色；果托杯状。

花果期

花期 4~5 月，果期 8~11 月。

地理分布

广东：大部分地区。

国内：广东、广西、海南、香港、上海、江苏、浙江、安徽、江西、河南、湖北、湖南、重庆、四川、贵州、云南、陕西、甘肃、台湾。

国外：越南、朝鲜、日本等。

生态特性

常生于山坡或沟谷中。

木材特性

木材表面红棕色至暗棕色，木质细密、纹理细腻，花纹精美，质地坚韧而且轻柔，不易折断，也不易产生裂纹，有强烈的樟脑香气，味清凉，有辛辣感，为造船、橱箱和建筑等用材。

其他

目前研究较多，包括育种、古树保护、化学提取物及其相关基因等。

参考文献

[1] 陈盼，郭盛才，陈秋菊，等．广东省古樟树资源特征及影响因子研究 [J]．林业与环境科学，2023, 39(5): 72–79.

[2] 胡振兴，王文辉，周松松，等．不同种源樟树果实与种子变异分析 [J]．南方林业科学，2023, 51(5): 5–10.

[3] 余凡，刘辰，陈姗，等．香樟超氧化物歧化酶提取工艺研究 [J]．食品安全导刊，2023 (23): 157–160.

[4] 中国科学院中国植物志编辑委员会．中国植物志·第三十一卷 [M]．北京：科学出版社，1982.

罗汉松科 Podocarpaceae | 竹柏属 *Nageia*

竹柏

Nageia nagi (Thunb.) Kuntze

别名：大果竹柏，猪肝树，铁甲树

形态特征

乔木，高达 20 m，胸径可达 0.5 m。树皮近于平滑，红褐色或暗紫红色，成小块薄片脱落。叶对生，革质，长卵形、卵状披针形或披针状椭圆形，有多数并列的细脉，长 3.5~9 cm，宽 1.5~2.5 cm，上面深绿色，有光泽，下面浅绿色，上部渐窄，基部楔形或宽楔形，向下窄成柄状。雄球花穗状圆柱形，单生叶腋，长 1.8~2.5 cm；雌球花基部有数枚苞片。种子圆球形，径 1.2~1.5 cm，成熟时假种皮暗紫色，有白粉。

花果期

花期 3~4 月，果期 10 月。

地理分布

广东：广州、龙门、博罗、惠东、高要、阳春、阳西。

国内：广东、广西、云南。

生态特性

垂直分布自海岸以上丘陵地区，上达海拔 1 600 m 之高山地带，往往与常绿阔叶树组成森林。

木材特性

心材色暗，纹理通直，结构细密，比重 0.47~0.53，易加工，耐久用，干燥后不变形不开裂，切口平滑，是建筑、造船、雕刻、制作家具、胶合板的优良用材。

其他

目前研究主要集中在育种栽培、遗传规律、生理生化特性、逆境胁迫下的抗性等。

参考文献

[1] 黄云鹏，范繁荣，苏松锦，等. 竹柏种群生命表与性比分析 [J]. 森林与环境学报，2017, 37(3): 348-352.

[2] 梁泰昌. 重金属硝酸铅对竹柏幼苗生长和生理特性的影响 [D]. 南宁：广西大学，2017.

[3] 中国科学院中国植物志编辑委员会. 中国植物志·第三十一卷 [M]. 北京：科学出版社，1982.

竹叶青冈

Quercus neglecta (Schottky) Koidz.

壳斗科 Fagaceae | 栎属 *Quercus*

别名：竹叶稠，竹叶栎，谷稠

形态特征

常绿乔木，高达 20 m，胸径达 0.6 m。树皮灰黑色，平滑。叶片薄革质，集生于枝顶，窄披针形或椭圆状披针形，长 3~11 cm，宽 0.5~1.8 cm，顶端钝圆，基部楔形，全缘或顶部有 1~2 对不明显钝齿，中脉在叶面微凸起或平坦，侧脉每边 7~14 条，叶背带粉白色。雄花序长 1.5~5 cm；雌花序长 0.5~1 cm，着生花 2 至数朵。壳斗盘形或杯形，包着坚果基部，直径 1.3~1.5（1.8）cm，高 0.5~1 cm，内壁有棕色茸毛，外壁被灰棕色短茸毛；小苞片合生成 4~6 条同心环带，环带全缘或有三角形裂齿。坚果倒卵形或椭圆形，直径 1~1.6 cm，高 1.5~2.5 cm，初被微柔毛，后渐脱落。

花果期

花期 2~3 月，果期翌年 8~11 月。

地理分布

广东：深圳、珠海、中山、阳江、阳春等。

国内：广东、广西、海南、香港。

国外：越南。

生态特性

生于海拔 500~2 200 m 的山地密林中。

木材特性

边材红褐色或浅红褐色,心材暗红色和或紫红褐色,干材通直、材质坚韧、耐腐性强,可作桩柱、车船、工具柄等用材。

参考文献

中国科学院中国植物志编辑委员会. 中国植物志·第二十二卷 [M]. 北京:科学出版社,1998.

锥栗

Castanea henryi (Skan) Rehd. et Wils.

壳斗科 Fagaceae | 栗属 *Castanea*

别名：椎树

形态特征

乔木，高达 30 m，胸径可达 1.5 m。叶长圆形或披针形，长 10~23 cm，宽 3~7 cm，顶部长渐尖至尾状长尖，嫩叶有黄色鳞腺且在叶脉两侧有疏长毛。雄花序长 5~16 cm，花簇有花 1~3 (5) 朵；每壳斗有雌花 1（偶有 2 或 3）朵，仅 1 花（稀 2 或 3）发育结实。成熟壳斗近圆球形，连刺径 2.5~4.5 cm，刺或密或稍疏生，长 4~10 mm；坚果长 15~12 mm，宽 10~15 mm，顶部有伏毛。

花果期

花期 5~7 月，果期 9~10 月。

地理分布

广东：广州、乐昌、乳源、高要。

国内：广东、广西、福建、贵州、江西、湖南、湖北、云南、安徽、四川、陕西、浙江、江苏、河南。

生态特性

生于海拔 100~1 800 m 的丘陵与山地，常见于落叶或常绿的混交林中。

木材特性

木材白色偏黄、纹理清晰、材质坚硬、耐湿且防腐，可作枕木、建筑、船舶、家具等用材。

其他

我国南方著名的木本粮食和材用树种。目前研究集中于种质资源开发利用、遗传多样性、高产栽培技术、病虫害的发生与防治、花粉性状、果实发育的生理生化、果实营养成分测定分析以及果实的保鲜贮藏和加工等。

参考文献

[1] 顾光仕, 李颖林, 刘丹, 等. 锥栗基因组 SSR 开发及农家品种的遗传多样性分析 [J]. 森林与环境学报, 2020, 40(1): 54-61.

[2] 李艳民, 袁德义, 肖诗鑫, 等. 不同锥栗优系亲本特性及杂交子代生长效应 [J]. 经济林研究, 2019, 37(2): 156-162.

[3] 马海泉, 江锡兵, 龚榜初, 等. 我国锥栗研究进展及发展对策 [J]. 浙江林业科技, 2013 (1): 62-67.

[4] 余玉云, 沈军, 柳明珠, 等. 锥栗 MADS-box 基因家族鉴定及组织特异性表达分析 [J]. 森林与环境学报, 2023, 43(1): 60-67.

[5] 中国科学院中国植物志编辑委员会. 中国植物志·第二十二卷 [M]. 北京: 科学出版社, 1998.

山榄科 Sapotaceae | 紫荆木属 Madhuca

Madhuca pasquieri (Dubard) H. J. Lam

紫荆木

别名：海胡卡，马胡卡，木花生

形态特征

乔木，高达 30 m，胸径可达 0.6 m。树皮灰黑色，具乳汁。叶互生，星散或密聚于分枝顶端，革质，倒卵形或倒卵状长圆形，长 6~16 cm，宽 2~6 cm，先端阔渐尖而钝头或骤然收缩，基部阔渐尖或尖楔形；叶柄长 1.5~3.5 cm，被锈色或灰色短柔毛，上面具深沟槽。花数朵簇生叶腋，花梗被锈色或灰色短柔毛；花冠黄绿色，长 5~7.5 mm，裂片 6~11。果椭圆形或小球形，长 2~3 cm，宽 1.5~2 cm，基部具宿萼。种子 1~5 粒，椭圆形。

花果期

花期 7~9 月，果期 10 月至翌年 1 月。

地理分布

广东：清远、封开、肇庆、广宁、阳春、阳江、信宜、湛江。

国内：广东、广西、海南、云南。

国外：越南。

生态特性

生于海拔 1 100 m 以下的混交林中或山地林缘。

木材特性

心材红褐色，有光泽，边材色较淡，纹理直，结构细致，木材坚重，花纹美观，干燥后少开裂、耐水湿、不易遭虫蛀，可作建筑、高档家具、雕刻、工艺品、室内装饰等用材。

其他

稀有的油料树种和珍贵用材树种。国内外针对保育技术、人工繁育、化学成分等已有相关研究。

参考文献

[1] 蔡琳颖，张星元，张璐，等. 珍稀濒危植物紫荆木生态学研究进展 [J]. 广西植物，2018, 38(7): 866-875.

[2] 林玲，曾冬琴，陈飞飞，等. 珍贵用材树种海南紫荆木研究现状及建议 [J]. 热带林业，2018, 46(3): 26-29.

[3] 中国科学院中国植物志编辑委员会. 中国植物志·第六十卷（第一分册）[M]. 北京：科学出版社，1987.

紫檀 *Pterocarpus indicus* Willd.

豆科 Fabaceae | 紫檀属 *Pterocarpus*

别名：印度紫檀，羽叶檀，花榈木

形态特征

乔木，高15~25 m，胸径达0.4 m。树皮灰色。羽状复叶长15~30 cm；小叶3~5对，卵形，长6~11 cm，宽4~5 cm，先端渐尖，基部圆形，叶脉纤细。圆锥花序顶生或腋生，被褐色短柔毛；花梗长7~10 mm，顶端有2枚线形，易脱落的小苞片；花萼钟状，微弯，长约5 mm，萼齿阔三角形，长约1 mm，先端圆，被褐色丝毛；花冠黄色，花瓣有长柄，边缘皱波状，旗瓣宽10~13 mm；雄蕊10，单体，最后分为5+5的二体；子房具短柄，密被柔毛。荚果圆形，扁平，偏斜，宽约5 cm，周围具宽翅，翅宽可达2 cm，有种子1~2粒。

花果期

花期4~5月，果期9~10月。

地理分布

广东：广州、湛江、博罗、深圳、珠海栽培。

国内：广东、广西、香港、澳门、海南、云南、台湾栽培。

国外：印度、菲律宾、印度尼西亚、缅甸。

生态特性

生于坡地疏林中。

木材特性

心材红色，材质较硬、强度高、耐磨、耐久性好，为优良的建筑、乐器及家具用材。颜色较深，多体现出古香古色的风格，用于传统家具。

其他

目前研究多集中在木材材性、良种培育、紫檀芪提取及应用原理上。木材有悠久的利用历史，众多文物以其为原料。

参考文献

[1] 邓有香，朱钦，肖娟，等. 多种名贵木材的荧光光谱特性研究 [J]. 林产工业，2023, 60(12): 31-37.

[2] 段晓明. 养心殿原状紫檀嵌玻璃人物图四方折角式宫灯的修复研究 [J]. 东方收藏，2024, 5: 6-9.

[3] 黎云昆. 中国的紫檀和花梨木 [J]. 中国林业产业，2023, 8: 92-95.

[4] 中国科学院中国植物志编辑委员会. 中国植物志·第四十卷 [M]. 北京：科学出版社，1994.

醉香含笑

Michelia maclurei Dandy

木兰科 Magnoliaceae | 含笑属 *Michelia*

别名：火力楠，展毛含笑

形态特征

乔木，高达 30 m，胸径 1 m 左右。树皮灰白色。芽、嫩枝、叶柄、托叶及花梗均被紧贴而有光泽的红褐色短茸毛。叶革质，倒卵形、椭圆状倒卵形、菱形或长圆状椭圆形，长 7~14 cm，宽 5~7 cm，先端短急尖或渐尖，基部楔形或宽楔形，下面被灰色毛杂有褐色平伏短茸毛，侧脉每边 10~15 条；叶柄长 2.5~4 cm，上面具狭纵沟。花被片白色，通常 9 片，匙状倒卵形或倒披针形，长 3~5 cm。聚合果长 3~7 cm；蓇葖长圆体形、倒卵状长圆体形或倒卵圆形，长 1~3 cm，宽约 1.5 cm，疏生白色皮孔。种子 1~3 粒，扁卵圆形。

花果期

花期 3~4 月，果期翌年 9~11 月。

地理分布

广东：大部分地区。

国内：广东、广西、海南、云南。

国外：越南。

生态特性

生于海拔 500~1 000 m 的密林中。

木材特性

散孔材，心边材区别明显，心材浅黄绿色，边材浅黄褐色，心材耐腐，切削容易，切面光滑，油漆后光亮性中等，胶黏亦好，握钉力中等，为家具、建筑、火车和轮船的优质用材。

其他

我国南方优良乡土阔叶树种，具有材用、观赏价值。目前研究较多集中在苗木栽培繁殖、育苗造林技术等。

参考文献

[1] 邓昭华, 莫木信, 陈玉华. 火力楠人工林森林生物量和林分碳储量研究 [J]. 陕西林业科技, 2023, 51(3): 48-51.

[2] 李素欣, 姜清彬, 张晖, 等. 醉香含笑不同树高处心边材挥发性成分的差异 [J]. 东北林业大学学报, 2024, 52(1): 128-136.

[3] 彭敏. 珍贵树种火力楠的培育及综合利用 [J]. 现代园艺, 2023, 46(4): 45-46+197.

[4] 张国栋. 不同 ABT1 生根粉浓度对醉香含笑扦插效果的影响 [J]. 林业勘察设计, 2023, 43(2): 66-68.

[5] 中国科学院中国植物志编辑委员会. 中国植物志·第三十卷 [M]. 北京: 科学出版社, 1996.

[6] 庄雪影, 孙景. 中国南方商品木材彩色图鉴 [M]. 北京: 中国林业出版社, 2004.

附录

广东大径材树种AHP评分排序表

序号	科名	属名	种名	学名	栽培或野生	综合评分
1	松科	松属	湿加松	*Pinus elliottii × caribaea*	栽培	8.188584
2	松科	松属	马尾松	*Pinus massoniana*	野生	8.115225
3	柏科	杉木属	杉木	*Cunninghamia lanceolata*	野生	8.049309
4	松科	松属	湿地松	*Pinus elliottii*	栽培	8.016607
5	壳斗科	锥属	红锥	*Castanopsis hystrix*	野生	8.001292
6	唇形科	柚木属	柚木	*Tectona grandis*	栽培	7.960796
7	茜草科	团花属	团花	*Neolamarckia cadamba*	野生	7.945898
8	桃金娘科	桉属	柠檬桉	*Eucalyptus citriodora*	栽培	7.945084
9	樟科	檫木属	檫木	*Sassafras tzumu*	野生	7.936929
10	桃金娘科	桉属	赤桉	*Eucalyptus camaldulensis*	栽培	7.923454
11	豆科	格木属	格木	*Erythrophleum fordii*	野生	7.917531
12	桃金娘科	桉属	大桉	*Eucalyptus grandis*	栽培	7.895164
13	木兰科	含笑属	醉香含笑	*Michelia macclurei*	野生	7.878024
14	龙脑香科	青梅属	青梅	*Vatica mangachapoi*	栽培	7.864531
15	山茶科	木荷属	木荷	*Schima superba*	野生	7.839067
16	松科	松属	加勒比松	*Pinus caribaea*	栽培	7.828850
17	柏科	柳杉属	柳杉	*Cryptomeria japonica* var. *sinensis*	栽培	7.822381
18	松科	油杉属	油杉	*Keteleeria fortunei*	野生	7.819532
19	桃金娘科	桉属	细叶桉	*Eucalyptus tereticornis*	栽培	7.808050
20	壳斗科	栎属	麻栎	*Quercus acutissima*	野生	7.802252
21	楝科	香椿属	红椿	*Toona ciliata*	野生	7.785069
22	松科	松属	南亚松	*Pinus latteri*	野生	7.738315
23	漆树科	南酸枣属	南酸枣	*Choerospondias axillaris*	野生	7.721029
24	桃金娘科	桉属	邓恩桉	*Eucalyptus dunnii*	栽培	7.717010
25	桃金娘科	桉属	小帽桉	*Eucalyptus microcorys*	栽培	7.714726
26	木兰科	含笑属	乐昌含笑	*Michelia chapensis*	野生	7.696328
27	桃金娘科	桉属	蓝桉	*Eucalyptus globulus*	栽培	7.677273
28	柏科	柏木属	柏木	*Cupressus funebris*	野生	7.658977
29	壳斗科	栎属	栓皮栎	*Quercus variabilis*	野生	7.651468
30	柏科	翠柏属	台湾翠柏	*Calocedrus formosana*	栽培	7.647074
31	柏科	柳杉属	日本柳杉	*Cryptomeria japonica*	栽培	7.632059
32	木兰科	含笑属	观光木	*Michelia odora*	野生	7.627604
33	壳斗科	栗属	锥栗	*Castanea henryi*	野生	7.626958
34	楝科	桃花心木属	大叶桃花心木	*Swietenia macrophylla*	栽培	7.626819
35	楝科	非洲楝属	非洲楝	*Khaya senegalensis*	栽培	7.619393
36	桃金娘科	桉属	柳叶桉	*Eucalyptus saligna*	栽培	7.618790
37	桃金娘科	桉属	尾叶桉	*Eucalyptus urophylla*	栽培	7.617060
38	木兰科	木莲属	灰木莲	*Manglietia glauca*	栽培	7.616492

(续)

序号	科名	属名	种名	学名	栽培或野生	综合评分
39	松科	松属	火炬松	*Pinus taeda*	栽培	7.605793
40	楝科	桃花心木属	桃花心木	*Swietenia mahagoni*	栽培	7.554558
41	壳斗科	栎属	赤皮青冈	*Quercus gilva*	野生	7.547211
42	银杏科	银杏属	银杏	*Ginkgo biloba*	栽培	7.540552
43	桃金娘科	桉属	大花序桉	*Eucalyptus cloeziana*	栽培	7.532000
44	壳斗科	柯属	杏叶柯	*Lithocarpus amygdalifolius*	野生	7.520503
45	壳斗科	柯属	红柯	*Lithocarpus fenzelianus*	野生	7.489880
46	罗汉松科	陆均松属	陆均松	*Dacrydium pectinatum*	栽培	7.474264
47	南洋杉科	南洋杉属	异叶南洋杉	*Araucaria heterophylla*	栽培	7.450798
48	木兰科	含笑属	金叶含笑	*Michelia foveolata*	野生	7.449634
49	南洋杉科	南洋杉属	南洋杉	*Araucaria cunninghamii*	栽培	7.440245
50	松科	松属	华南五针松	*Pinus kwangtungensis*	野生	7.435353
51	罗汉松科	鸡毛松属	鸡毛松	*Dacrycarpus imbricatus*	野生	7.433129
52	壳斗科	栎属	槲栎	*Quercus aliena*	野生	7.432405
53	壳斗科	锥属	毛锥	*Castanopsis fordii*	野生	7.430942
54	桃金娘科	桉属	巨尾桉	*Eucalyptus grandis × urophylla*	栽培	7.411152
55	樟科	润楠属	薄叶润楠	*Machilus leptophylla*	野生	7.398623
56	豆科	相思树属	马占相思	*Acacia mangium*	栽培	7.390500
57	樟科	楠属	闽楠	*Phoebe bournei*	野生	7.386992
58	蔷薇科	臀果木属	臀果木	*Pygeum topengii*	野生	7.382712
59	桃金娘科	桉属	斑皮桉	*Eucalyptus maculata*	栽培	7.365554
60	南洋杉科	南洋杉属	大叶南洋杉	*Araucaria bidwillii*	栽培	7.357600
61	桃金娘科	桉属	斑叶桉	*Eucalyptus punctata*	栽培	7.345640
62	木兰科	鹅掌楸属	鹅掌楸	*Liriodendron chinense*	栽培	7.344027
63	红厚壳科	铁力木属	铁力木	*Mesua ferrea*	栽培	7.336659
64	木兰科	含笑属	合果木	*Michelia baillonii*	栽培	7.316830
65	壳斗科	栎属	竹叶青冈	*Quercus neglecta*	野生	7.312255
66	樟科	樟属	樟	*Camphora officinarum*	野生	7.280920
67	红豆杉科	红豆杉属	红豆杉	*Taxus wallichiana* var. *chinensis*	野生	7.266602
68	金缕梅科	壳菜果属	壳菜果	*Mytilaria laosensis*	野生	7.209930
69	木麻黄科	木麻黄属	木麻黄	*Casuarina equisetifolia*	栽培	7.206983
70	龙脑香科	坡垒属	坡垒	*Hopea hainanensis*	栽培	7.199647
71	楝科	麻楝属	麻楝	*Chukrasia tabularia*	野生	7.198282
72	桃金娘科	桉属	粗皮桉	*Eucalyptus pellita*	栽培	7.189152
73	楝科	楝属	楝	*Melia azedarach*	野生	7.165586
74	壳斗科	水青冈属	水青冈	*Fagus longipetiolata*	野生	7.147780
75	叶下珠科	秋枫属	秋枫	*Bischofia javanica*	野生	7.145856
76	橄榄科	橄榄属	方榄	*Canarium bengalense*	栽培	7.142431
77	壳斗科	锥属	钩锥	*Castanopsis tibetana*	野生	7.141282
78	榆科	榉属	榉树	*Zelkova serrata*	野生	7.137057
79	壳斗科	栎属	岭南青冈	*Quercus championii*	野生	7.129832
80	橄榄科	橄榄属	橄榄	*Canarium album*	栽培	7.095155
81	楝科	香椿属	香椿	*Toona sinensis*	野生	7.089016
82	木兰科	含笑属	白花含笑	*Michelia mediocris*	野生	7.078032

(续)

序号	科名	属名	种名	学名	栽培或野生	综合评分
83	壳斗科	栎属	大叶青冈	Quercus jenseniana	野生	7.073585
84	罗汉松科	竹柏属	竹柏	Nageia nagi	野生	7.069438
85	壳斗科	锥属	米槠	Castanopsis carlesii	野生	7.068946
86	壳斗科	柯属	短尾柯	Lithocarpus brevicaudatus	野生	7.063507
87	桃金娘科	红胶木属	红胶木	Lophostemon confertus	栽培	7.052150
88	南洋杉科	贝壳杉属	贝壳杉	Agathis damara	栽培	7.042214
89	豆科	紫檀属	檀香紫檀	Pterocarpus santalinus	栽培	7.039122
90	壳斗科	锥属	秀丽锥	Castanopsis jucunda	野生	7.024541
91	豆科	红豆属	长脐红豆	Ormosia balansae	野生	6.980696
92	漆树科	黄连木属	黄连木	Pistacia chinensis	野生	6.978257
93	红豆杉科	榧属	榧	Torreya grandis	野生	6.972445
94	山榄科	紫荆木属	紫荆木	Madhuca pasquieri	野生	6.965061
95	桃金娘科	桉属	葡萄桉	Eucalyptus botryoides	栽培	6.957784
96	柏科	落羽杉属	落羽杉	Taxodium distichum	栽培	6.954342
97	壳斗科	栎属	青冈	Quercus glauca	野生	6.952550
98	柏科	刺柏属	圆柏	Juniperus chinensis	栽培	6.950750
99	豆科	红豆属	红豆树	Ormosia hosiei	野生	6.946173
100	蕈树科	枫香树属	枫香树	Liquidambar formosana	野生	6.922301
101	山茶科	木荷属	银木荷	Schima argentea	野生	6.903533
102	桃金娘科	桉属	斜脉胶桉	Eucalyptus kirtoniana	栽培	6.884800
103	松科	油杉属	江南油杉	Keteleeria fortunei var. cyclolepis	野生	6.883427
104	豆科	紫檀属	紫檀	Pterocarpus indicus	栽培	6.874605
105	漆树科	人面子属	人面子	Dracontomelon duperreanum	栽培	6.870615
106	罗汉松科	罗汉松属	百日青	Podocarpus neriifolius	野生	6.864740
107	蓝果树科	喜树属	喜树	Camptotheca acuminata	野生	6.854105
108	罗汉松科	竹柏属	长叶竹柏	Nageia fleuryi	野生	6.836235
109	唇形科	石梓属	云南石梓	Gmelina arborea	野生	6.826082
110	壳斗科	栎属	饭甑青冈	Quercus fleuryi	野生	6.803528
111	柏科	落羽杉属	池杉	Taxodium distichum var. imbricatum	栽培	6.793924
112	壳斗科	锥属	海南锥	Castanopsis hainanensis	野生	6.792687
113	木兰科	木莲属	海南木莲	Manglietia fordiana var. hainanensis	野生	6.788028
114	橄榄科	橄榄属	乌榄	Canarium pimela	栽培	6.775764
115	豆科	黄檀属	降香	Dalbergia odorifera	野生	6.767402
116	壳斗科	栎属	小叶青冈	Quercus myrsinifolia	野生	6.762653
117	壳斗科	锥属	黧蒴锥	Castanopsis fissa	野生	6.746937
118	无患子科	无患子属	无患子	Sapindus saponaria	野生	6.743132
119	苦木科	臭椿属	臭椿	Ailanthus altissima	野生	6.741252
120	壳斗科	锥属	罗浮锥	Castanopsis fabri	野生	6.730159
121	柏科	扁柏属	福建柏	Chamaecyparis hodginsii	野生	6.721731
122	无患子科	荔枝属	荔枝	Litchi chinensis	栽培	6.702504
123	壳斗科	锥属	华南锥	Castanopsis concinna	野生	6.694002
124	樟科	樟属	沉水樟	Camphora micrantha	野生	6.673526
125	壳斗科	锥属	鹿角锥	Castanopsis lamontii	野生	6.672967
126	柏科	侧柏属	侧柏	Platycladus orientalis	栽培	6.671225

(续)

序号	科名	属名	种名	学名	栽培或野生	综合评分
127	木兰科	木莲属	大叶木莲	Manglietia dandyi	栽培	6.665632
128	豆科	相思树属	大叶相思	Acacia auriculiformis	栽培	6.664664
129	豆科	黄檀属	黄檀	Dalbergia hupeana	野生	6.661571
130	豆科	黄檀属	印度黄檀	Dalbergia sissoo	栽培	6.659656
131	金缕梅科	马蹄荷属	马蹄荷	Exbucklandia populnea	野生	6.654123
132	桃金娘科	桉属	纤脉桉	Eucalyptus leptophleba	栽培	6.654084
133	壳斗科	栎属	栎子青冈	Quercus blakei	野生	6.650299
134	桃金娘科	桉属	毛叶桉	Eucalyptus torelliana	栽培	6.647660
135	豆科	南洋楹属	南洋楹	Falcataria falcata	栽培	6.647473
136	无患子科	龙眼属	龙眼	Dimocarpus longan	栽培	6.643804
137	木兰科	木莲属	木莲	Manglietia fordiana	野生	6.632598
138	壳斗科	栗属	栗	Castanea mollissima	栽培	6.628067
139	杜英科	猴欢喜属	猴欢喜	Sloanea sinensis	野生	6.626060
140	山龙眼科	银桦属	银桦	Grevillea robusta	栽培	6.624142
141	木兰科	长喙木兰属	大叶木兰	Lirianthe henryi	野生	6.623215
142	樟科	润楠属	浙江润楠	Machilus chekiangensis	野生	6.614565
143	豆科	海红豆属	海红豆	Adenanthera microsperma	野生	6.612727
144	木兰科	含笑属	深山含笑	Michelia maudiae	野生	6.610529
145	楝科	山楝属	山楝	Aphanamixis polystachya	野生	6.608886
146	壳斗科	锥属	甜槠	Castanopsis eyrei	野生	6.604554
147	榆科	榆属	榔榆	Ulmus parvifolia	野生	6.596274
148	壳斗科	栎属	枹栎	Quercus serrata	野生	6.593587
149	壳斗科	锥属	吊皮锥	Castanopsis kawakamii	野生	6.588877
150	壳斗科	栎属	小叶栎	Quercus chenii	野生	6.587355
151	大麻科	青檀属	青檀	Pteroceltis tatarinowii	野生	6.579575
152	壳斗科	栎属	福建青冈	Quercus chungii	野生	6.574087
153	樟科	樟属	黄樟	Camphora parthenoxylon	野生	6.572711
154	桃金娘科	蒲桃属	乌墨	Syzygium cumini	野生	6.571855
155	桃金娘科	桉属	桉	Eucalyptus robusta	栽培	6.570850
156	山龙眼科	假山龙眼属	调羹树	Heliciopsis lobata	栽培	6.568746
157	桦木科	桦木属	亮叶桦	Betula luminifera	野生	6.564665
158	壳斗科	栎属	细叶青冈	Quercus shennongii	野生	6.563367
159	桃金娘科	桉属	蜜味桉	Eucalyptus melliodora	栽培	6.554480
160	红豆杉科	红豆杉属	南方红豆杉	Taxus wallichiana var. mairei	野生	6.550106
161	木兰科	玉兰属	玉兰	Yulania denudata	野生	6.521939
162	木兰科	含笑属	黄兰	Michelia champaca	栽培	6.521478
163	柏科	水松属	水松	Glyptostrobus pensilis	野生	6.512204
164	五列木科	猪血木属	猪血木	Euryodendron excelsum	野生	6.502733
165	桃金娘科	桉属	圆锥花桉	Eucalyptus paniculata	栽培	6.500641
166	桃金娘科	桉属	白桉	Eucalyptus alba	栽培	6.494998
167	壳斗科	锥属	淋漓锥	Castanopsis uraiana	野生	6.493419
168	锦葵科	椴属	椴树	Tilia tuan	野生	6.485321
169	壳斗科	栎属	雷公青冈	Quercus hui	野生	6.479269
170	木兰科	北美木兰属	荷花木兰	Magnolia grandiflora	栽培	6.474562

(续)

序号	科名	属名	种名	学名	栽培或野生	综合评分
171	使君子科	榄仁属	千果榄仁	*Terminalia myriocarpa*	栽培	6.470432
172	蔷薇科	李属	绢毛稠李	*Prunus wilsonii*	野生	6.457960
173	蔷薇科	石楠属	桃叶石楠	*Photinia prunifolia*	野生	6.455363
174	樟科	山胡椒属	黑壳楠	*Lindera megaphylla*	野生	6.448600
175	壳斗科	栎属	巴东栎	*Quercus engleriana*	野生	6.444557
176	蔷薇科	李属	大叶桂樱	*Prunus zippeliana*	野生	6.443969
177	木兰科	含笑属	石碌含笑	*Michelia shiluensis*	栽培	6.442156
178	锦葵科	翅子树属	翻白叶树	*Pterospermum heterophyllum*	野生	6.435698
179	豆科	红豆属	花榈木	*Ormosia henryi*	野生	6.432804
180	冬青科	冬青属	大叶冬青	*Ilex latifolia*	野生	6.423589
181	樟科	润楠属	尖峰润楠	*Machilus monticola*	野生	6.422562
182	泡桐科	泡桐属	白花泡桐	*Paulownia fortunei*	野生	6.420288
183	使君子科	榄仁属	毛榄仁	*Terminalia tomentosa*	栽培	6.407891
184	蔷薇科	花楸属	水榆花楸	*Sorbus alnifolia*	野生	6.404282
185	罗汉松科	罗汉松属	罗汉松	*Podocarpus macrophyllus*	野生	6.392096
186	大麻科	糙叶树属	糙叶树	*Aphananthe aspera*	野生	6.383101
187	胡桃科	青钱柳属	青钱柳	*Cyclocarya paliurus*	野生	6.366736
188	木兰科	厚朴属	厚朴	*Houpoea officinalis*	栽培	6.366365
189	壳斗科	锥属	高山锥	*Castanopsis delavayi*	野生	6.359577
190	山茶科	木荷属	西南木荷	*Schima wallichii*	栽培	6.352185
191	紫葳科	梓属	灰楸	*Catalpa fargesii*	野生	6.347713
192	豆科	相思树属	台湾相思	*Acacia confusa*	野生	6.327136
193	樟科	润楠属	红楠	*Machilus thunbergii*	野生	6.326393
194	肉豆蔻科	风吹楠属	风吹楠	*Horsfieldia amygdalina*	野生	6.325691
195	豆科	合欢属	楹树	*Albizia chinensis*	野生	6.321478
196	漆树科	漆树属	漆	*Toxicodendron vernicifluum*	栽培	6.321456
197	壳斗科	栎属	云山青冈	*Quercus sessilifolia*	野生	6.289445
198	豆科	合欢属	黄豆树	*Albizia procera*	野生	6.283286
199	山茱萸科	山茱萸属	光皮梾木	*Cornus wilsoniana*	野生	6.279566
200	木兰科	拟单性木兰属	乐东拟单性木兰	*Parakmeria lotungensis*	野生	6.278401
201	蕈树科	蕈树属	蕈树	*Altingia chinensis*	野生	6.270244
202	松科	松属	长叶松	*Pinus palustris*	野生	6.267945
203	木兰科	焕镛木属	焕镛木	*Woonyoungia septentrionalis*	野生	6.258988
204	五列木科	茶梨属	茶梨	*Anneslea fragrans*	野生	6.255594
205	壳斗科	栎属	锐齿槲栎	*Quercus aliena* var. *acutiserrata*	野生	6.253637
206	豆科	皂荚属	皂荚	*Gleditsia sinensis*	野生	6.242487
207	橄榄科	橄榄属	毛叶榄	*Canarium subulatum*	栽培	6.235489
208	五加科	树参属	海南树参	*Dendropanax hainanensis*	野生	6.235478
209	樟科	桂属	钝叶桂	*Cinnamomum bejolghota*	野生	6.232652
210	壳斗科	锥属	栲	*Castanopsis fargesii*	野生	6.222416
211	豆科	刺槐属	刺槐	*Robinia pseudoacacia*	栽培	6.214714
212	山茶科	木荷属	短梗木荷	*Schima brevipedicellata*	野生	6.214121
213	樟科	新木姜子属	大叶新木姜子	*Neolitsea levinei*	野生	6.212563
214	叶下珠科	秋枫属	重阳木	*Bischofia polycarpa*	野生	6.206111

(续)

序号	科名	属名	种名	学名	栽培或野生	综合评分
215	豆科	任豆属	任豆	*Zenia insignis*	野生	6.198212
216	豆科	红豆属	茸荚红豆	*Ormosia pachycarpa*	野生	6.191236
217	千屈菜科	紫薇属	尾叶紫薇	*Lagerstroemia caudata*	栽培	6.187967
218	豆科	缅茄属	缅茄	*Afzelia xylocarpa*	栽培	6.170484
219	鼠李科	枳椇属	枳椇	*Hovenia acerba*	野生	6.159530
220	使君子科	榄仁属	榄仁	*Terminalia catappa*	野生	6.159237
221	樟科	润楠属	黄枝润楠	*Machilus versicolora*	野生	6.155636
222	豆科	相思树属	厚荚相思	*Acacia crassicarpa*	栽培	6.139892
223	柿科	柿属	君迁子	*Diospyros lotus*	野生	6.139547
224	壳斗科	锥属	印度锥	*Castanopsis indica*	野生	6.133043
225	桃金娘科	蒲桃属	蒲桃	*Syzygium jambos*	野生	6.132569
226	山矾科	山矾属	老鼠屎	*Symplocos stellaris*	野生	6.132569
227	壳斗科	锥属	苦槠	*Castanopsis sclerophylla*	野生	6.127716
228	蕈树科	蕈树属	细柄蕈树	*Altingia gracilipes*	野生	6.125834
229	锦葵科	梧桐属	梧桐	*Firmiana simplex*	栽培	6.123654
230	豆科	槐属	槐	*Styphnolobium japonicum*	栽培	6.110930
231	蓝果树科	蓝果树属	蓝果树	*Nyssa sinensis*	野生	6.106849
232	漆树科	杧果属	杧果	*Mangifera indica*	栽培	6.100322
233	橄榄科	嘉榄属	多花白头树	*Garuga floribunda* var. *gamblei*	野生	6.092111
234	桃金娘科	蒲桃属	肖蒲桃	*Syzygium acuminatissimum*	野生	6.073436
235	樟科	木姜子属	大果木姜子	*Litsea lancilimba*	野生	6.068366
236	杨柳科	刺篱木属	大叶刺篱木	*Flacourtia rukam*	野生	6.059965
237	大戟科	蝴蝶果属	蝴蝶果	*Cleidiocarpon cavaleriei*	栽培	6.055458
238	番荔枝科	野独活属	囊瓣木	*Miliusa horsfieldii*	野生	6.046464
239	芸香科	吴茱萸属	楝叶吴萸	*Tetradium glabrifolium*	野生	6.036379
240	壳斗科	柯属	金毛柯	*Lithocarpus chrysocomus*	野生	6.030401
241	壳斗科	柯属	木姜叶柯	*Lithocarpus litseifolius*	野生	6.027623
242	杜仲科	杜仲属	杜仲	*Eucommia ulmoides*	栽培	6.025561
243	远志科	黄叶树属	黄叶树	*Xanthophyllum hainanense*	野生	6.017662
244	安息香科	赤杨叶属	赤杨叶	*Alniphyllum fortunei*	野生	6.017077
245	木麻黄科	木麻黄属	细枝木麻黄	*Casuarina cunninghamiana*	栽培	6.011893
246	木兰科	含笑属	白兰	*Michelia × alba*	栽培	6.009421
247	豆科	油楠属	油楠	*Sindora glabra*	栽培	6.003476
248	金缕梅科	红花荷属	红花荷	*Rhodoleia championi*	野生	6.003346
249	豆科	酸豆属	酸豆	*Tamarindus indica*	栽培	6.001736
250	榆科	榉属	大果榉	*Zelkova sinica*	野生	5.997820
251	壳斗科	栎属	毛果青冈	*Quercus pachyloma*	野生	5.993091
252	青钟麻科	大风子属	泰国大风子	*Hydnocarpus anthelminthicus*	栽培	5.991878
253	樟科	楠属	红毛山楠	*Phoebe hungmoensis*	野生	5.988600
254	豆科	红豆属	木荚红豆	*Ormosia xylocarpa*	野生	5.988489
255	豆科	决明属	铁刀木	*Senna siamea*	栽培	5.988363
256	壳斗科	锥属	锥	*Castanopsis chinensis*	野生	5.970985
257	壳斗科	栎属	槟榔青冈	*Quercus bella*	野生	5.970117
258	金缕梅科	马蹄荷属	大果马蹄荷	*Exbucklandia tonkinensis*	野生	5.965640

(续)

序号	科名	属名	种名	学名	栽培或野生	综合评分
259	锦葵科	木棉属	木棉	*Bombax ceiba*	野生	5.965234
260	罗汉松科	罗汉松属	短叶罗汉松	*Podocarpus chinensis*	野生	5.962809
261	清风藤科	泡花树属	红柴枝	*Meliosma oldhamii*	野生	5.960587
262	清风藤科	泡花树属	樟叶泡花树	*Meliosma squamulata*	野生	5.960078
263	樟科	润楠属	刨花润楠	*Machilus pauhoi*	野生	5.957603
264	使君子科	榄仁属	海南榄仁	*Terminalia nigrovenulosa*	栽培	5.943051
265	豆科	红豆属	光叶红豆	*Ormosia glaberrima*	野生	5.940832
266	木樨科	梣属	苦枥木	*Fraxinus insularis*	野生	5.935091
267	使君子科	榄仁属	小叶榄仁	*Terminalia neotalialay*	栽培	5.922793
268	使君子科	榄仁属	阿江榄仁	*Terminalia arjuna*	栽培	5.918775
269	壳斗科	锥属	公孙锥	*Castanopsis tonkinensis*	野生	5.913247
270	樟科	润楠属	绒毛润楠	*Machilus velutina*	野生	5.911665
271	樟科	桂属	肉桂	*Cinnamomum cassia*	栽培	5.910442
272	柿树科	柿属	野柿	*Diospyros kaki* var. *silvestris*	野生	5.909039
273	桑科	波罗蜜属	桂木	*Artocarpus parvus*	野生	5.907071
274	鼠李科	枳椇属	光叶毛果枳椇	*Hovenia trichocarpa* var. *robusta*	野生	5.889422
275	大麻科	朴属	西川朴	*Celtis vandervoetiana*	野生	5.888857
276	樟科	桂属	川桂	*Cinnamomum wilsonii*	野生	5.888659
277	柿树科	柿属	乌材	*Diospyros eriantha*	栽培	5.887526
278	木兰科	含笑属	福建含笑	*Michelia fujianensis*	野生	5.887465
279	壳斗科	柯属	毛果柯	*Lithocarpus psedudovestitus*	野生	5.887128
280	桑科	波罗蜜属	波罗蜜	*Artocarpus heterophyllus*	栽培	5.880243
281	樟科	木姜子属	朝鲜木姜子	*Litsea coreana*	野生	5.878996
282	桃金娘科	蒲桃属	山蒲桃	*Syzygium levinei*	野生	5.876597
283	樟科	黄肉楠属	柳叶黄肉楠	*Actinodaphne lecomtei*	野生	5.86568
284	木兰科	拟单性木兰属	光叶拟单性木兰	*Parakmeria nitida*	野生	5.865465
285	金缕梅科	马蹄荷属	长瓣马蹄荷	*Exbucklandia longipetala*	野生	5.863254
286	冬青科	冬青属	铁冬青	*Ilex rotunda*	野生	5.863245
287	桦木科	桤木属	台湾桤木	*Alnus formosana*	野生	5.859138
288	榆科	榆属	多脉榆	*Ulmus castaneifolia*	野生	5.858049
289	壳斗科	栎属	白栎	*Quercus fabri*	野生	5.856649
290	桃金娘科	蒲桃属	红鳞蒲桃	*Syzygium hancei*	野生	5.855233
291	桑科	波罗蜜属	白桂木	*Artocarpus hypargyreus*	野生	5.854421
292	木兰科	木莲属	广东木莲	*Manglietia kwangtungensis*	野生	5.851165
293	桦木科	桦木属	华南桦	*Betula austrosinensis*	野生	5.850207
294	蕈树科	半枫荷属	半枫荷	*Semiliquidambar cathayensis*	野生	5.839943
295	樟科	楠属	紫楠	*Phoebe sheareri*	野生	5.83803
296	黏木科	黏木属	黏木	*Ixonanthes reticulata*	野生	5.835467
297	安息香科	银钟花属	银钟花	*Perkinsiodendron macgregorii*	野生	5.806991
298	樟科	木姜子属	假柿木姜子	*Litsea monopetala*	野生	5.803740
299	木兰科	含笑属	苦梓含笑	*Michelia balansae*	野生	5.791946
300	楝科	樫木属	香港樫木	*Dysoxylum hongkongense*	野生	5.791787
301	桑科	波罗蜜属	胭脂	*Artocarpus tonkinensis*	野生	5.790805
302	木兰科	木莲属	厚叶木莲	*Manglietia pachyphylla*	野生	5.787343

(续)

序号	科名	属名	种名	学名	栽培或野生	综合评分
303	樟科	樟属	油樟	*Camphora longepaniculata*	野生	5.784934
304	三尖杉科	三尖杉属	三尖杉	*Cephalotaxus fortunei*	野生	5.777074
305	樟科	厚壳桂属	白背厚壳桂	*Cryptocarya maclurei*	野生	5.765324
306	桑科	榕属	黄葛树	*Ficus virens*	野生	5.763256
307	胡桃科	胡桃属	胡桃	*Juglans regia*	栽培	5.753427
308	蕈树科	枫香树属	缺萼枫香树	*Liquidambar acalycina*	野生	5.749808
309	豆科	红豆属	云开红豆	*Ormosia merrilliana*	野生	5.746950
310	山榄科	紫荆木属	海南紫荆木	*Madhuca hainanensis*	野生	5.738521
311	豆科	油楠属	东京油楠	*Sindora tonkinensis*	栽培	5.732820
312	杨柳科	脚骨脆属	膜叶脚骨脆	*Casearia membranacea*	野生	5.703383
313	使君子科	榄仁属	诃子	*Terminalia chebula*	栽培	5.700057
314	杨柳科	天料木属	红花天料木	*Homalium ceylanicum*	栽培	5.699379
315	大戟科	石栗属	石栗	*Aleurites moluccanus*	栽培	5.692101
316	山榄科	肉实树属	肉实树	*Sarcosperma laurinum*	野生	5.684329
317	三尖杉科	三尖杉属	海南粗榧	*Cephalotaxus hainanensis*	野生	5.676756
318	番荔枝科	藤春属	毛叶藤春	*Alphonsea mollis*	野生	5.675626
319	樟科	润楠属	宜昌润楠	*Machilus ichangensis*	野生	5.675592
320	樟科	樟属	八角樟	*Camphora illicioides*	野生	5.674032
321	山茱萸科	山茱萸属	灯台树	*Cornus controversa*	野生	5.667930
322	唇形科	石梓属	苦梓	*Gmelina hainanensis*	野生	5.666575
323	无患子科	槭属	十蕊槭	*Acer laurinum*	栽培	5.666309
324	豆科	肥皂荚属	肥皂荚	*Gymnocladus chinensis*	野生	5.655385
325	樟科	楠属	乌心楠	*Phoebe tavoyana*	野生	5.648360
326	樟科	润楠属	华润楠	*Machilus chinensis*	野生	5.639642
327	瑞香科	沉香属	土沉香	*Aquilaria sinensis*	野生	5.633750
328	紫葳科	梓属	梓	*Catalpa ovata*	野生	5.633463
329	桃金娘科	白千层属	白千层	*Melaleuca cajuputi*	栽培	5.632563
330	胡桃科	胡桃属	胡桃楸	*Juglans mandshurica*	野生	5.630379
331	紫草科	厚壳树属	厚壳树	*Ehretia acuminata*	野生	5.629891
332	无患子科	栾属	复羽叶栾树	*Koelreuteria bipinnata*	栽培	5.629296
333	无患子科	槭属	三角槭	*Acer buergerianum*	野生	5.629095
334	桃金娘科	蒲桃属	水翁蒲桃	*Syzygium nervosum*	野生	5.621619
335	桑科	波罗蜜属	二色波罗蜜	*Artocarpus styracifolius*	野生	5.611785
336	壳斗科	柯属	柄果柯	*Lithocarpus longipedicellatus*	野生	5.610635
337	樟科	桂属	阴香	*Cinnamomum burmannii*	野生	5.600219
338	楝科	米仔兰属	望谟崖摩	*Aglaia lawii*	野生	5.589697
339	安息香科	陀螺果属	陀螺果	*Melliodendron xylocarpum*	野生	5.582553
340	豆科	合欢属	阔荚合欢	*Albizia lebbeck*	野生	5.574160
341	樟科	新木姜子属	香果新木姜子	*Neolitsea ellipsoidea*	野生	5.563256
342	五味子科	八角属	八角	*Illicium verum*	栽培	5.563214
343	鼠李科	枳椇属	北枳椇	*Hovenia dulcis*	野生	5.554796
344	樟科	新木姜子属	鸭公树	*Neolitsea chuii*	野生	5.546541
345	樟科	木姜子属	潺槁木姜子	*Litsea glutinosa*	野生	5.545778
346	五桠果科	五桠果属	小花五桠果	*Dillenia pentagyna*	栽培	5.545387

(续)

序号	科名	属名	种名	学名	栽培或野生	综合评分
347	杜英科	杜英属	绢毛杜英	*Elaeocarpus nitentifolius*	野生	5.539723
348	冬青科	冬青属	台湾冬青	*Ilex formosana*	野生	5.539627
349	五加科	刺楸属	刺楸	*Kalopanax septemlobus*	野生	5.530156
350	无患子科	栾树属	栾	*Koelreuteria paniculata*	栽培	5.529252
351	木兰科	含笑属	黄心夜合	*Michelia martini*	野生	5.515371
352	杨柳科	山拐枣属	山拐枣	*Poliothyrsis sinensis*	野生	5.512674
353	大麻科	白颜树属	白颜树	*Gironniera subaequalis*	野生	5.511279
354	豆科	红豆属	厚荚红豆	*Ormosia elliptica*	野生	5.503664
355	千屈菜科	紫薇属	大花紫薇	*Lagerstroemia speciosa*	栽培	5.501935
356	柿科	柿属	柿	*Diospyros kaki*	野生	5.498133
357	壳斗科	柯属	硬壳柯	*Lithocarpus hancei*	野生	5.488385
358	樟科	木姜子属	大萼木姜子	*Litsea baviensis*	野生	5.487138
359	叶下珠科	土蜜树属	禾串树	*Bridelia balansae*	野生	5.485626
360	大戟科	油桐属	木油桐	*Vernicia montana*	野生	5.484276
361	樟科	琼楠属	琼楠	*Beilschmiedia intermedia*	野生	5.478212
362	樟科	厚壳桂属	长序厚壳桂	*Cryptocarya metcalfiana*	野生	5.476336
363	豆科	红豆属	小叶红豆	*Ormosia microphylla*	野生	5.462440
364	壳斗科	锥属	黑叶锥	*Castanopsis nigrescens*	野生	5.449567
365	罗汉松科	罗汉松属	小叶罗汉松	*Podocarpus pilgeri*	栽培	5.437837
366	漆树科	岭南酸枣属	岭南酸枣	*Allospondias lakonensis*	野生	5.433741
367	樟科	琼楠属	网脉琼楠	*Beilschmiedia tsangii*	野生	5.410998
368	壳斗科	柯属	紫玉盘柯	*Lithocarpus uvariifolius*	野生	5.403661
369	豆科	合欢属	香合欢	*Albizia odoratissima*	野生	5.402732
370	无患子科	槭属	罗浮槭	*Acer fabri*	野生	5.395329
371	壳斗科	柯属	烟斗柯	*Lithocarpus corneus*	野生	5.395147
372	木樨科	梣属	光蜡树	*Fraxinus griffithii*	野生	5.379376
373	紫葳科	菜豆树属	海南菜豆树	*Radermachera hainanensis*	野生	5.378100
374	壳斗科	栎属	曼青冈	*Quercus oxyodon*	野生	5.378028
375	樟科	楠属	台楠	*Phoebe formosana*	野生	5.377916
376	茜草科	岭罗麦属	岭罗麦	*Tarennoidea wallichii*	野生	5.377566
377	紫葳科	猫尾木属	猫尾木	*Markhamia stipulata*	野生	5.365478
378	番荔枝科	细基丸属	细基丸	*Hubera cerasoides*	野生	5.362546
379	紫草科	厚壳树属	粗糠树	*Ehretia dicksonii*	野生	5.356935
380	豆科	凤凰木属	凤凰木	*Delonix regia*	栽培	5.354652
381	壳斗科	栎属	广西青冈	*Quercus kouangsiensis*	野生	5.349123
382	杨柳科	天料木属	阔瓣天料木	*Homalium kainantense*	野生	5.345899
383	番荔枝科	异萼花属	斜脉异萼花	*Disepalum plagioneurum*	野生	5.326516
384	樟科	桂属	天竺桂	*Cinnamomum japonicum*	野生	5.326330
385	壳斗科	柯属	柯	*Lithocarpus glaber*	野生	5.324917
386	叶下珠科	木奶果属	木奶果	*Baccaurea ramiflora*	野生	5.319835
387	无患子科	槭属	青榨槭	*Acer davidii*	野生	5.314803
388	锦葵科	椴属	南京椴	*Tilia miqueliana*	野生	5.302721
389	樟科	厚壳桂属	钝叶厚壳桂	*Cryptocarya impressinervia*	野生	5.292765
390	锦葵科	苹婆属	苹婆	*Sterculia monosperma*	栽培	5.290726

(续)

序号	科名	属名	种名	学名	栽培或野生	综合评分
391	樟科	琼楠属	广东琼楠	*Beilschmiedia fordii*	野生	5.290217
392	鼠李科	麦珠子属	麦珠子	*Alphitonia incana*	栽培	5.280858
393	樟科	北油丹属	北油丹	*Alseodaphnopsis hainanensis*	栽培	5.280540
394	樟科	润楠属	短序润楠	*Machilus breviflora*	野生	5.267128
395	胡桃科	黄杞属	黄杞	*Engelhardtia roxburghiana*	野生	5.265355
396	锦葵科	翅苹婆属	翅苹婆	*Pterygota alata*	野生	5.258830
397	杨柳科	天料木属	广南天料木	*Homalium paniculiflorum*	栽培	5.256323
398	豆科	仪花属	短萼仪花	*Lysidice brevicalyx*	野生	5.244832
399	核果木科	核果木属	密花核果木	*Drypetes congestiflora*	野生	5.237936
400	壳斗科	栎属	多脉青冈	*Quercus multinervis*	野生	5.237437
401	山茱萸科	山茱萸属	毛梾	*Cornus walteri*	野生	5.231866
402	樟科	厚壳桂属	黄果厚壳桂	*Cryptocarya concinna*	野生	5.214926
403	柿科	柿属	异色柿	*Diospyros blancoi*	栽培	5.208186
404	青钟麻科	马蛋果属	马蛋果	*Gynocardia odorata*	栽培	5.201846
405	杜英科	杜英属	秃瓣杜英	*Elaeocarpus glabripetalus*	野生	5.199239
406	木樨科	梣属	白蜡树	*Fraxinus chinensis*	野生	5.177245
407	红树科	竹节树属	锯叶竹节树	*Carallia diplopetala*	野生	5.167585
408	清风藤科	泡花树属	狭叶泡花树	*Meliosma angustifolia*	野生	5.147965
409	山榄科	星苹果属	星苹果	*Chrysophyllum cainito*	栽培	5.138526
410	樟科	厚壳桂属	硬壳桂	*Cryptocarya chingii*	野生	5.111933
411	豆科	相思树属	黑荆	*Acacia mearnsi*	野生	5.094052
412	千屈菜科	紫薇属	南紫薇	*Lagerstroemia elizabethiae*	野生	5.093135
413	壳斗科	柯属	厚斗柯	*Lithocarpus elizabethae*	野生	5.082767
414	三尖杉科	三尖杉属	粗榧	*Cephalotaxus sinensis*	野生	5.079677
415	山榄科	桃榄属	桃榄	*Pouteria annamensis*	野生	5.043046
416	豆科	红豆属	软荚红豆	*Ormosia semicastrata*	野生	5.034540
417	楝科	米仔兰属	山楝	*Aglaia elaeagnoidea*	野生	5.030219
418	五桠果科	五桠果属	大花五桠果	*Dillenia turbinata*	野生	5.029768
419	漆树科	杧果属	天桃木	*Mangifera persiciforma*	栽培	5.028591
420	山矾科	山矾属	微毛山矾	*Symplocos wikstroemiifolia*	野生	5.023075
421	山茶科	核果茶属	石笔木	*Pyrenaria spectabilis*	野生	4.984829
422	杜英科	杜英属	杜英	*Elaeocarpus decipiens*	野生	4.973276
423	樟科	厚壳桂属	丛花厚壳桂	*Cryptocarya densiflora*	野生	4.970171
424	南鼠刺科	多香木属	多香木	*Polyosma cambodiana*	野生	4.965487
425	锦葵科	山麻树属	山麻树	*Commersonia bartramia*	野生	4.965321
426	壳斗科	栎属	云南波罗栎	*Quercus yunnanensis*	野生	4.958049
427	山茱萸科	山茱萸属	香港四照花	*Cornus hongkongensis*	野生	4.945546
428	樟科	木姜子属	黄丹木姜子	*Litsea elongata*	野生	4.943030
429	紫葳科	火烧花属	火烧花	*Mayodendron igneum*	野生	4.924325
430	樟科	山胡椒属	广东山胡椒	*Lindera kwangtungensis*	野生	4.920538
431	山龙眼科	山龙眼属	枇杷叶山龙眼	*Helicia obovatifolia* var. *mixta*	野生	4.919740
432	冬青科	冬青属	香冬青	*Ilex suaveolens*	野生	4.916721
433	无患子科	槭属	紫果槭	*Acer cordatum*	野生	4.915041
434	山榄科	铁榄属	铁榄	*Sinosideroxylon pedunculatum*	野生	4.899944

(续)

序号	科名	属名	种名	学名	栽培或野生	综合评分
435	五列木科	杨桐属	海南杨桐	*Adinandra hainanensis*	野生	4.873471
436	木兰科	木莲属	长梗木莲	*Manglietia longipedunculata*	野生	4.806153
437	壳斗科	柯属	多穗柯	*Lithocarpus polystachyus*	野生	4.804577
438	芸香科	山油柑属	山油柑	*Acronychia pedunculata*	野生	4.804325
439	锦葵科	梭罗树属	粗齿梭罗树	*Reevesia rotundifolia*	野生	4.779523
440	豆科	红豆属	缘毛红豆	*Ormosia howii*	野生	4.732013
441	樟科	润楠属	广东润楠	*Machilus kwangtungensis*	野生	4.727787
442	山矾科	山矾属	丛花山矾	*Symplocos poilanei*	野生	4.689837
443	杜英科	杜英属	日本杜英	*Elaeocarpus japonicus*	野生	4.650859
444	木麻黄科	木麻黄属	粗枝木麻黄	*Casuarina glauca*	栽培	4.598497
445	樟科	黄肉楠属	南投黄肉楠	*Actinodaphne acuminata*	栽培	4.566600
446	安息香科	白辛树属	白辛树	*Pterostyrax psilophyllus*	野生	4.563566
447	锦葵科	翅子树属	翅子树	*Pterospermum acerifolium*	野生	4.553126
448	山矾科	山矾属	山矾	*Symplocos sumuntia*	野生	4.540455
449	蔷薇科	花楸属	石灰花楸	*Sorbus folgneri*	野生	4.539132
450	锦葵科	梭罗树属	梭罗树	*Reevesia pubescens*	野生	4.516000
451	锦葵科	苹婆属	香苹婆	*Sterculia foetida*	栽培	4.513866
452	无患子科	槭属	南岭槭	*Acer metcalfii*	野生	4.501050
453	杜鹃花科	金叶子属	广东金叶子	*Craibiodendron scleranthum* var. *kwangtungense*	野生	4.457314
454	锦葵科	梭罗树属	两广梭罗树	*Reevesia thyrsoidea*	野生	4.381001
455	锦葵科	苹婆属	假苹婆	*Sterculia lanceolata*	野生	4.306048
456	楝科	米仔兰属	山楝	*Aglaia elaeagnoidea*	野生	4.278625
457	玉蕊科	玉蕊属	玉蕊	*Barringtonia racemosa*	栽培	4.235898
458	豆科	牧豆树属	牧豆树	*Prosopis juliflora*	栽培	4.177865
459	壳斗科	栎属	乌冈栎	*Quercus phillyraeoides*	野生	4.001901
460	山榄科	梭子果属	锈毛梭子果	*Eberhardtia aurata*	野生	3.787815
461	山茱萸科	山茱萸属	梾木	*Cornus macrophylla*	野生	3.620915
462	豆科	合欢属	合欢	*Albizia julibrissin*	野生	3.268856

学名索引

A

Acacia auriculiformis ············ 40
Acacia mangium ············ 115
Adenanthera microsperma ············ 64
Agathis dammara ············ 28
Ailanthus altissima ············ 36
Aphanamixis polystachya ············ 140
Araucaria bidwillii ············ 37
Araucaria cunninghamii ············ 125
Araucaria heterophylla ············ 167

B

Bischofia javanica ············ 134

C

Calocedrus formosana ············ 148
Camphora micrantha ············ 34
Camphora officinarum ············ 180
Camphora parthenoxylon ············ 80
Camptotheca acuminata ············ 159
Canarium bengalense ············ 46
Canarium pimela ············ 155
Castanea henryi ············ 184
Castanopsis carlesii ············ 116
Castanopsis eyrei ············ 150
Castanopsis faberi ············ 108
Castanopsis fargesii ············ 92
Castanopsis fissa ············ 98
Castanopsis hystrix ············ 74
Castanopsis jucunda ············ 166
Castanopsis kawakamii ············ 42
Castanopsis lamontii ············ 106
Castanopsis tibetana ············ 60
Casuarina equisetifolia ············ 120
Chamaecyparis hodginsii ············ 54
Choerospondias axillaris ············ 123
Chukrasia tabularis ············ 112
Cryptomeria japonica ············ 138
Cunninghamia lanceolata ············ 142
Cupressus funebris ············ 27

D

Dacrycarpus imbricatus ············ 83
Dacrydium pectinatum ············ 104
Dalbergia hupeana ············ 78
Dalbergia odorifera ············ 88
Dalbergia sissoo ············ 174
Dracontomelon duperreanum ············ 136

E

Erythrophleum fordii ············ 58
Eucalyptus citriodora ············ 126
Eucalyptus robusta ············ 24
Eucalyptus tereticornis ············ 160
Eucalyptus urophylla ············ 154

F

Fagus longipetiolata ············ 147

G

Ginkgo biloba ············ 172
Gmelina arborea ············ 178
Grevillea robusta ············ 168

H

Homalium ceylanicum ············ 71
Hopea hainanensis ············ 128

K

Keteleeria fortunei var. *cyclolepis* ········· 86
Keteleeria fortunei ····················· 175
Khaya senegalensis ···················· 48

L

Liquidambar formosana ················ 52
Lithocarpus amygdalifolius ············ 165
Lophostemon confertus ················ 72

M

Madhuca pasquieri ··················· 185
Manglietia fordiana var. *hainanensis* ····· 66
Manglietia glauca ····················· 81
Melia azedarach ····················· 100
Mesua ferrea ························ 151
Michelia baillonii ····················· 68
Michelia chapensis ···················· 96
Michelia foveolata ···················· 90
Michelia macclurei ·················· 188
Michelia maudiae ··················· 144
Michelia mediocris ···················· 25
Michelia odora ······················· 62
Mytilaria laosensis ···················· 93

N

Nageia fleuryi ························ 32
Nageia nagi ························· 181
Neolamarckia cadamba ··············· 152

O

Ormosia hosiei ························ 70

P

Phoebe bournei ······················ 117
Pinus caribaea ························ 84
Pinus elliottii ························ 145
Pinus latteri ························· 124
Pinus massoniana ···················· 114
Pinus taeda ·························· 82
Podocarpus neriifolius ················· 26
Pterocarpus indicus ·················· 186
Pteroceltis tatarinowii ················ 133

Q

Quercus acutissima ··················· 111
Quercus aliena ························ 77
Quercus championii ·················· 102
Quercus chungii ······················ 56
Quercus fleuryi ······················· 44
Quercus gilva ························· 35
Quercus glauca ······················ 130
Quercus jenseniana ···················· 38
Quercus myrsinifolia ·················· 164
Quercus neglecta ···················· 182
Quercus variabilis ···················· 146

S

Sapindus saponaria ·················· 158
Sassafras tzumu ······················ 30
Schima argentea ····················· 170
Schima superba ······················ 118
Sloanea sinensis ······················· 76
Swietenia macrophylla ················· 39
Swietenia mahagoni ·················· 149
Syzygium cumini ···················· 156

T

Taxodium distichum ·················· 110
Taxus wallichiana var. *mairei* ·········· 122
Tectona grandis ····················· 176
Toona ciliata ·························· 69
Toona sinensis ······················· 162
Torreya grandis ······················· 50

U

Ulmus parvifolia ······················· 94

V

Vatica mangachapoi ·················· 132